최단기 현장 적응을 위한 가이드

스마트카 편의 및 안전장치

Convenience & Safety Device Diagnosis

지인근 · 김광수 著

파워 윈도우 진단 실무
스마트 키 진단 실무
냉난방 송풍시트 진단 실무
전기차 배터리 진단 실무
하이브리드 및 자율주행차 개념

점화장치의 시조, 1902

여명기의 자동차 전장 BOSCH, 1898

BOSCH

머리말·Preface

이 책의 집필 목적은 자동차 발전에 따른 자동차 "진단 정비 공학으로 거듭나길 기원"하는 바람에서 시작하였다. 자동차 용어와 회로 분석, 진단기술의 폭을 넓히기 위해 현대자동차와 기아자동차 편의, 안전장치를 엮었으며 자료를 인용한 제조사에 대하여 생채기를 내기 위한 것이 아님을 양지하기 바란다.

모든 회로도의 출처는 현대자동차 그룹과 기아자동차 그룹의 GSW에서 인용하였음에 정중히 감사함을 표한다. 그리고 그것으로 인해 자동차 수요 인구가 제작사 및 협력사에 충원되어 정비 서비스 품질이 향상되길 바라는 마음이다.

초보 정비사에게 폭넓은 이해가 되도록 노력하였으며, 대학교 및 현장실습에 도움이 되고자 집필하였고, 전반적인 순서를 나누지 않고 자연스럽게 습득하도록 이야기 형식으로 작성하였다. 초보 정비사에게 최대한 부담감을 덜어 주기 위해 노력하였고 대학에서 이론과 실습 과정으로 학습을 마치고 난 뒤 끝부분에는 과제를 넣어 학습하는 데 도움이 되고자 하였다.

끝으로 30년이 넘도록 오직 자동차전문출판사로 고집해 온 대표이사 김길현님과 본부장 우병춘님 그리고 편집진 여러분께 진심으로 감사함을 전한다.

2021. 5.

지인근, 김광수

Contents

제2장 │ 전기자동차 스마트키 진단 실무　43

Contents

Contents

제5장 | 자율주행 자동차 개념   191

Contents

Contents

전기자동차 파워윈도우 진단 실무

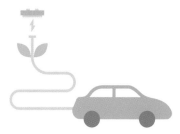

전기자동차 파워윈도우 진단 실무

제1장 전기자동차 파워윈도우 진단 실무

　전기자동차에서도 다음의 장치들이 그대로 적용되었다. 전기자동차 고장 관련하여 파워 윈도우 작동 불량을 살펴보고자 한다. 그와 관련하여 초보 정비사가 많이 읽어 주었으면 한다. 초보 정비사가 많이 읽어 주었으면 한다. 그 첫 번째 항목으로 운전석 세이프티 파워 윈도우(Safety Power Window)를 설명하겠다. 고장 내용으로는 운전석에서는 동승석 파워 윈도우 모터가 모두 작동되고 동승석 스위치에서 업(up) 작동하면 또한 정상 작동되나, 동승석에서 모터 다운(Down)이 안 되는 현상이다. 동승석에서 업(up)은 작동되는데 다운이 작동되지 않는 현상인데 고장과 관련한 학습에 필요한 회로분석으로 작동 불량의 원인을 자동차에서 확인하고 분해 과정을 기술하고자 한다. 다음은 파워 윈도우 회로를 나타낸다.

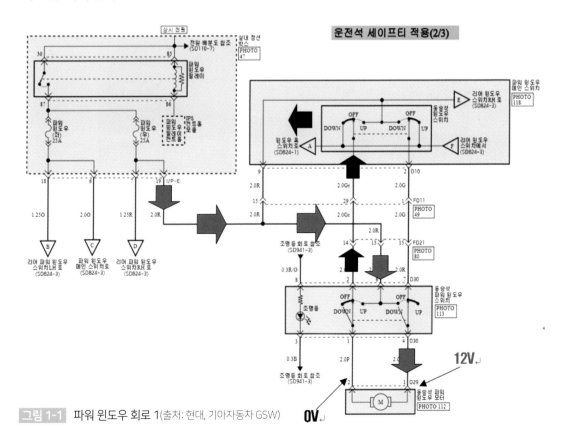

그림 1-1 파워 윈도우 회로 1(출처: 현대, 기아자동차 GSW)

초보 정비사의 이해도를 높이기 위해 선택하였다. 그 첫 번째 과정으로 회로분석 과정을 설명하겠다.

그림 1-1처럼 운전석에서는 동승석 모터가 모두 작동된다는 것은 해당 모터와 현재 작동하지 않는 도어(door) 스위치(switch) 포지션(position)은 정상임을 알 수 있다. 현 상태의 배선 연결에는 문제없다는 결론을 가진다. 이것은 중요한 핵심(核心) 포인트(Point)가 된다.

따라서 그림 1-2는 동승석 파워 윈도우 스위치 커넥터(D30) 6번에 전원을 확인한 상태이고 다운 시 D30 커넥터 4번 단자에 12V가 측정되어야 스위치는 정상이다. 하겠다. 그러면 그림 1-1에서처럼 모터 D29 커넥터 1번 핀 단자(Br 2.0)에 전원이 공급된다. 반대로 모터 D29 커넥터 2번 핀과 D30 커넥터 1번 핀 단자 쪽으로 접지가 되어야 모터는 내려가는 것이다. 이때 접지는 파워윈도우 메인 스위치 쪽으로 거쳐 접지로 전류가 흘러 모터가 다운되는 것이다.

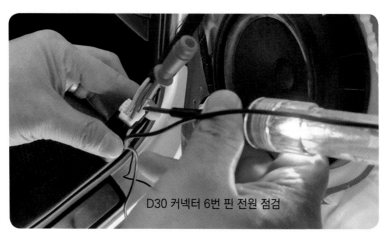

D30 커넥터 6번 핀 전원 점검

그림 1-2　D30 동승석 파워 윈도우 스위치 전원 확인

다운(Down) 측 내부 스위치 접점으로 이동한 접점은 내부 기판을 통전하여 동승석 파워 윈도우 스위치 2번 커넥터(D30) 배선을 따라 현재 상태의 파워 윈도우 메인 스위치 내부 접점을 경위하여 윈도우 록 스위치(SD824-1) A로 전류가 흐른다.

운전석 파워 윈도우 메인 스위치 내부 윈도우 록 스위치 언/록 상태의 스위치를 지나 파워 윈도우 메인 스위치 커넥터(D10) 12번 단자 핀(2.0B)을 지나 FD11 커넥터 32번 핀을 따라 GF01 접지로 전류가 흘러 모터는 회전하는 것이다. 이것이 다운(down)이다. 현재 이 부분 어딘가에 고장이 발생한 것이다. 사실 이러한 고장이 발생하면 무엇을 교환하거나 검증되지 않은 일련의 움직임은 의미가 없다. 우리 학생들과 초보 정비사들이 해야 할 과제인데 차근차근 이해하며 진단 과정을 이해하고 여러 번 읽어 주길 바라는 마음이다. 일반적으로 파워윈도우 장치는 모든자동차 적용되면서 운전자의 편의성 및 주행 안전성이 날로 발전되어지고 있다.

최근에 출시되는 자동차를 보면 기존의 파워윈도우 장치에 오토/업과 다운 기능을 추가로 적용 한번 작동에 윈도우를 최상단에서 최하단으로 조작할 수 있다. 따라서 조작의 편의성을 극대화하였다. 이렇듯 지금 파워윈도우 장치는 일반적인 장치이며 좀 더 학습을 원하면 스마트 자동차 실무 진단기술 (지인근 저(著)) 제12장을 참고하여 학습하길 바란다.

그림 1-3은 전체적 도어 트림 분리하는 순서를 나타내었다. 물론 차종마다 다르며 현재 차종을 근거로 나타내었다. 학생들은 정비 지침서 분해조립 순서도를 참고하여 작업하길 바란다.

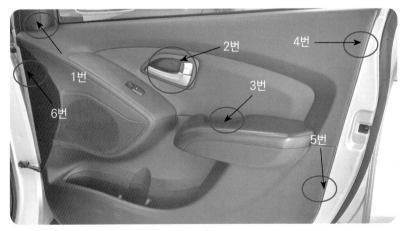

그림 1-3 D30 동승석 파워 윈도우 스위치 분리 순서

그림 1-4처럼 넓은 플라스틱 헤라를 이용하여 손으로 적당히 이격(離隔)한 후 헤라를 넣어 지렛대 원리를 이용 무리한 힘으로 분리하지 말고 조금씩 천천히 들어 올린다. 이때 주의할 점은 도어 패널 손상이 가지 않도록 주의한다. 일하고 혼나는 일이 종종 있으니 말이다.

그림 1-4 트림 분리 1번째

작업할 때 무리한 힘으로 분리하면 파손의 원인이 된다. 플라스틱 헤라 면적이 넓은 것으로 사용하되 위 작업을 작은 일자형 드라이버를 사용하지 말아야 한다.

인테리어(interior) 손상의 원인이 된다. 플라스틱 헤라 면적이 작으면 힘의 작용점이 좁은 면으로 직결되어 해당 부품이 파손되기 쉽다. 특히 겨울철 온도가 떨어질 때는 더욱이 그러하다.

그림 1-5처럼 케이스 면적이 적은 부품은 흠집이 나지 않도록 날카로운 드라이버 이용하고 앞부분이 뭉툭한 것을 사용하면 오히려 손상이 가며 날카로운 일자형 드라이버를 사용해야 한다. 작업 공구가 날카로운 부분 임으로 주의를 요구한다. 그림 1-5 그림처럼 떨어진 키는 완전 분리되는 형태가 아니라 일부분이 연결되어 있다. (참고하여 완전히 분리하지 말 것.)

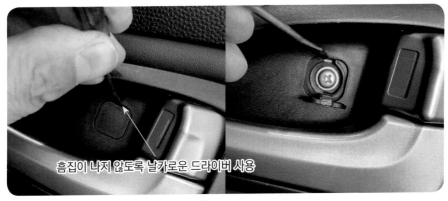

흠집이 나지 않도록 날카로운 드라이버 사용

그림 1-5 트림 분리 2번째

그림 1-6처럼 스크류 볼트 분리 후 인너 핸들을 들어서 케이스를 분리한다. 케이스를 들어 올리지 않고 분리할 수 없다. 파손에 주의한다.

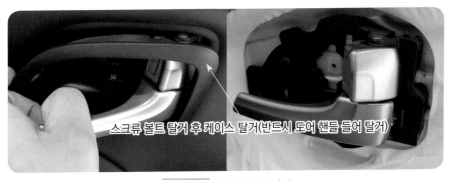

스크류 볼트 탈거 후 케이스 탈거(반드시 도어 핸들 들어 탈거)

그림 1-6 트림 분리 3번째

그림 1-6처럼 스크류 볼트 분리 후 인너 핸들을 들어서 케이스를 분리한다. 들지 않고 분리할 수 없다. 파손에 주의한다.

그림 1-7은 도어 트림의 손잡이 부분 안쪽 사물 보관함 안에 원형의 커버를 날카로운 공구(탐침봉)를 사용하여 인테리어 손상이 없도록 커버를 분리한다. 이때 주의 사항으로는 작업환경이 좋은 곳에서 작업하고 깨끗한 손으로 작업한다.

오염되지 않도록 주의하여 작업해야 하며 이는 곧 이설(異說)이 없이 고객 만족이 될 것이다. 좋은 일 하고 뒷말 듣는 건. 아마도 누구든 싫은 일이니까. 말이다.

뾰족한 판을 이용하여 캡 분리

그림 1-7 트림 분리 4번째

그림 1-8처럼 측면의 두 부분의 키를 탐침봉으로 들어 올려 분리한다. 떨어져 분실되지 않도록 주의하여 작업한다. 작업을 하면서 가끔 실수하는 것이 이쯤이야 괜찮겠지, 하는 자기 관대함이 때로는 화를 부른다. 키를 잃어버려 며칠을 기다려야 하는 수고가 있기에. 부품을 빼먹거나 오염시키는 것은 조심해야 하는 일이다.

인테리어 손상은 결국 작업 잘못하는 사람으로 낙인(烙印)찍힌다. 부품을 더럽혀 고객의 눈살을 찌푸리는 결과를 초래한다.

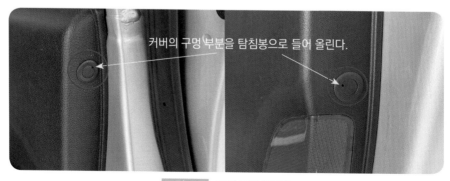

커버의 구멍 부분을 탐침봉으로 들어 올린다.

그림 1-8 트림 분리 5번째

그림 1-9는 키 탈거(脫去) 모습을 나타내었다. 이전에도 설명한 바와 같이 주의할 사항은 키 탈거 시 캡(cap)이 작아 분실하지 않도록 한 손으로 잡고 다른 한 손으로 이격(離隔)한 다음 키가 바닥에 떨어지지 않도록 주의해야 하며 키 손상 및 인테리어 손상이 가지 않도록 해야 한다.

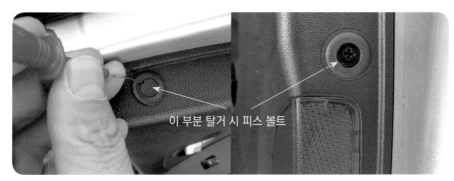
이 부분 탈거 시 피스 볼트

그림 1-9 트림 분리 6번째

가장 중요한 것은 손상이 없어야 한다. 지저분하게 오염물이 묻게 작업 되었다면 그 누구도 좋아하지 않을 테니! 말이다. 혹 어쩔 수 없이 묻었다면 그대로 방치하지 말고 실내를 클리닝(cleaning) 해야 할 것이다.

소비자는 이러한 작은 부분에 생명을 걸 정도로 예민하다. 우리 학생들이 많이 연습해야 하는 과제이기도 하다. 그래서 작업에 있어서 중요한 것은 작업하는 과정과 환경 그리고 작업하는 공구이다. 이 소형 일자 드라이버와 플라스틱 헤라를 이용하여 상단 커버를 분리한다.

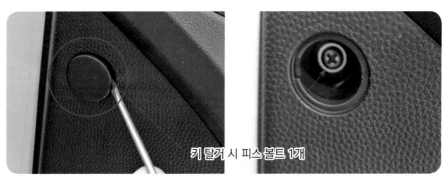
키 탈거 시 피스 볼트 1개

그림 1-10 트림 분리 7번째

도어(Door) 하단부는 헝겊을 대고 손으로 잡아당겨 플라스틱 헤라를 넣어 지렛대 원리를 이용하여 한 번에 힘을 가하지 말고 천천히 옆으로 이동하면서 힘을 주어 야 분리가 잘된다.

그림 1-11은 도어 트림을 분리하는 모습을 나타내었다. 이때 주의할 사항은 도어 패널의 손상과 트림 키 파손에 주의하여 탈거해야 한다. 잡아당길 때 일부 키 파손이 있는 경우 신품의 키로 바꾸어 장착한다. 잘 분리한다고 하여도 잡아당길 때 키 파손은 있을 수 있으니 도어 트림 자체 손상이 없도록 해야 한다. 이때 파손은 주로 키 자체 파손임으로 걱정할 일은 거의 없다.

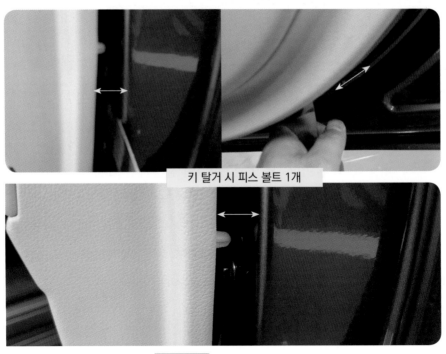

그림 1-11 트림 분리 8번째

그림 1-12는 도어 트림을 분리하여 고정용 키 화스너(도어 트림 고정핀) 부분을 나타낸 것이다. 차종별 키 위치는 다르다. 하여 플라스틱 헤라를 이용하여 트림 부위에 넣어 이격(離隔)할 때 힘이 받는 쪽에서 가까운 곳으로 헤라를 넣어 도어 트림을 이격 하는 것이 유리하다.

이때 과거 자동차는 도어 내부 보호 필름(비닐)이 장착되는 차량과 도어 레귤레이터 자체 패널로 내부를 볼 수 없는 것으로 구분된다. 지금 차종(2011년)은 도어 내부가 비닐 필름으로 되어 비닐 필름이 찢어지지 않도록 신중히 도어에서 작업한다. (떼어낸다.)

자. 그럼 지금부터는 도어 작동 불량 진단 과정을 차근차근 설명하겠다.

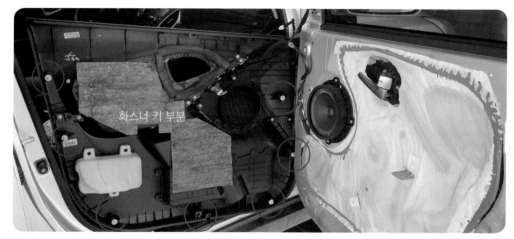

화스너 키 부분

그림 1-12   트림 분리 9번째

먼저 스마트 자동차 실무 진단기술(지인근 저(著)) 전자(前者)에 진단 기술에서 자동차 유리 모터(motor)와 스위치(Switch) 부분으로 자동차 진단 장비와 통신이 가능한 시스템(system)이라면 통신을 통하여 센서 데이터로 스위치 입, 출력을 확인하면 쉬울 것이다.라고 말했다. 그러나 회로에서 보는 이 차종의 경우 통신이 되지 않는 시스템이고 결국 해당 도어 트림을 분리하여 작업하고 어디에서 점검해야 할지 결론을 끌어내야 할 것이다.

그림1-2에서처럼 D30 커넥터(동승석 파워 윈도우 스위치) 6번 핀 단자에 전원이 입력되는 것을 확인하였다. 그렇다면 여기까지 전원은 문제없다. 문제의 차종의 경우 유리가 내려와 하단부에 있을 때는 올리는 것은 작동되나 스위치를 다운으로 작동하여 유리를 내리는 것이 안 된다. 그래서 저자는 도어(Door) 트림(Trim)을 분리하여 스위치와 배선을 점검하고자 한다. 스위치다운 상태에서 D30 커넥터 6번 핀 단자에서 12V 전원이 입력되었으니 전원은 문제없고 다운 스위치 작동하고 D30 커넥터 4번 단자에 12V 전원과 테스트 램프를 차체에 접지시켜 확인하면 테스트 램프는 점등되어야 배선이 정상이다.

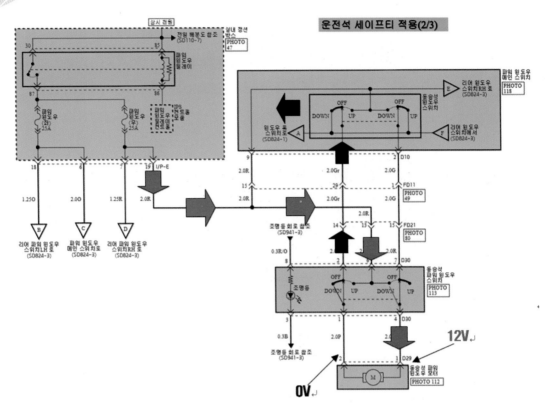

그림 1-13 파워 윈도우 회로 2 (출처: 현대, 기아자동차 GSW)

　필자는 이것을 확인하기 위해 어쩔 수 없이 도어 트림을 분리하여 점검하였다. 다운 시 4번 핀에는 12V 전원이 입력되어 모터를 거쳐 전류가 접지로 흘러야 하는데 그림 1-14의 그림과 같이 테스트 램프 비 점등되는 것을 확인하였다. 여기서 정비사가 알아야 할 중요한 것은 스위치 내부 접점 불량이구나! 라고 알 수 있어야 한다는 것이다.

　이런 결론으로 동승석 스위치를 교환하는 것이다. 무작정 자동차를 확인도 하지 아니하고 스위치를 교환한다면 또 교환해서 정비를 잘 마무리하였다고 하여도 그것은 우리 자신에게 아무런 도움이 되질 않는다. 자동차 정비사는 의사라고 말했다. 정비사(整備士)가 되지 말고 의사(醫師)가 되라고 말하고 싶다.

　그림 1-14는 D30 커넥터 4번 핀 단자 스위치(switch)에서 스위치를 다운(down) 위치에 놓고 측정 시 4번핀에는 테스트(test) 전구(電球)는 점등되지 않음을 확인하였다. 그렇다면 반대쪽 핀 D30 커넥터 1번 핀을 확인하였더니 업(UP) 작동 시 전원을 확인할 수 있었다.

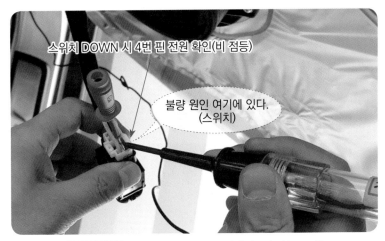

그림 1-14 동승석 스위치(D30-커넥터 4번 핀(2.0Br))

그림 1-15은 D30 커넥터 6번 전원과 1번 핀 UP 작동 시 전원을 확인하였는데 이는 UP 작동 시 모터 전원을 공급하고 있고 접지가 이루어져야 모터가 작동한다는 결론이다. 결국, 이 차종의 경우 모터도 아니고 배선도 아닌 동승석 스위치 내부 접점 불량으로 판단됨에 따라 저자는 스위치 내부를 분해해 보고자 하였다.

사실 정비 현장에서는 해당 스위치 교환으로 정비를 마무리한다. 필자는 여러분들의 궁금증을 해소하기 위해 분리해 보기로 했다.

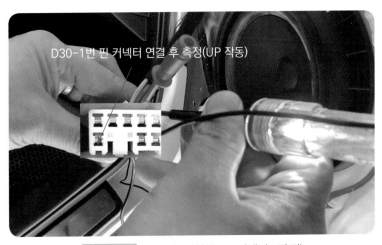

그림 1-15 동승석 스위치(D30-커넥터 1번 핀)

그림 1-16은 동승석 도어 작동 스위치를 도어 트림에서 분리하여 키 부분과 스위치를 나타내었다. 그림 1-18은 동승석에서 다운(Down) 작동 시 모터가 작동 안 되고 업(Up) 작동 시 정상적으로 작동되는 고장 현상이다.

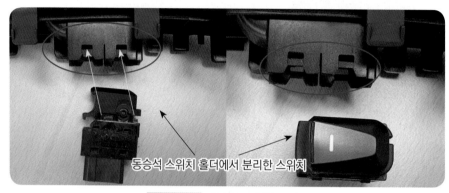

동승석 스위치 홀더에서 분리한 스위치

그림 1-16 동승석 스위치 분해 1

LED 램프와 스위치 내부 분리하기 위한 키

그림 1-17 동승석 스위치 분해 2

접점 불량으로 검게 그을린 부분　내부 접점 연결 불량

그림 1-18　동승석 스위치 분해 3

　작동되는 조건을 회로를 통해 분석해 보면 다음과 같다.

　그림 1-19에서 D30 커넥터 스위치 동작하지 않고 비작동 시에는 D30 커넥터 7번 핀과 4번 핀은 서로 도통 되고 그 옆의 단자 핀 또한 2번 핀과 1번 핀이 도통 된다. 그러기 때문에 운전석에서는 모두 다 정상 작동되었던 것이다.

　만약에 스위치 내부가 비작동 시 통전이 안 된다면 이 역시 운전석에서도 작동이 되지 않았을 것이다. 그럼 왜? 올리는 작동은 되고 내리는 것만 안 된다는 것인가. 그렇다. 스위치(Switch) 다운(DOWN) 시 D30 커넥터 6번과 4번 핀이 도통 되어야 하는데 사실 이 부분이 문제이며 도통 되지 않았다. 다운 시 D30 커넥터의 내부 접점 스위치 핀 배선은 4번 핀 단자가 DOWN 쪽으로 가고 옆쪽 1번 핀도 DOWN 쪽으로 스위치 바늘이 동시에 움직인다.

　그런데 여기서 유리가 상단으로 올라가는 것이 되었던 것은 D30 커넥터 6번 핀과 1번 핀이 스위치 업 시 서로 도통 되고 나머지 반대쪽은 업(up) 시 4번과 7번이 서로 연결되어 있어 작동된 것이다. 평상시 동승석 스위치는 동승석 스위치 내부 OFF 접점에 위치하여 각 모터가 작동할 수 있도록 브리지 역할을 함으로 모터의 전원과 접지를 공급한다. 유리 모터의 상승과 하강은 모터 극성을 교차하여 연결된다. 이런 과정에서 회로분석은 중요하다 하겠다. 다음 그림은 회로의 전류의 흐름을 나타낸다.

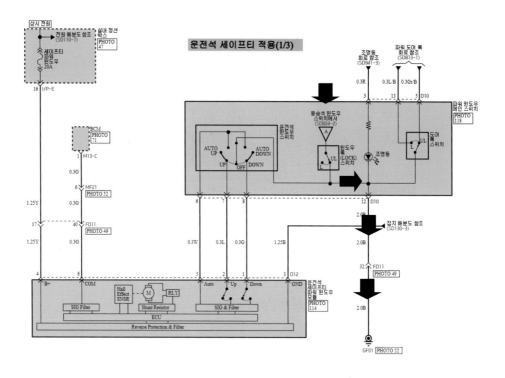

운전석 세이프티 적용(1/3)

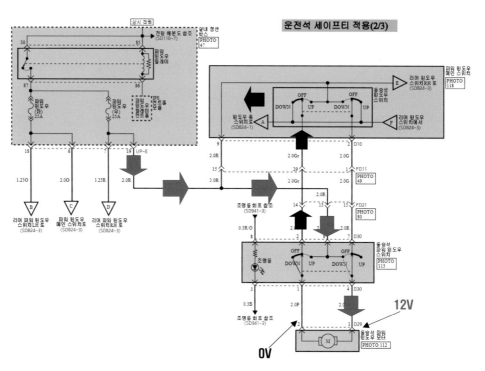

운전석 세이프티 적용(2/3)

그림 1-19 파워 윈도우 회로 다운 시(출처: 현대, 기아자동차 GSW)

자동차를 선택한 여러분. 하루하루 열심히 정신없이 살다가 가끔 나 자신을 한 번쯤 뒤돌아보면 고단하고 지칠 때가 있을 것이다. 자동차든 사람이든 많은 일 하다 보면 힘들고 지칠 때가 있는데 그것을 우리는 슬럼프(Slump)가 왔다고 한다.

누구에게나 이 어지러운 세상을 가다 보면 겪는 일이다. 기술인은 힘들다. 하지만 저자는 정비사는 의사라고 했다. 진정한 명의가 되기 위해 끊임없이 노력하면 내 인생이 달라진다. 생각한다.

이 책은 초보 정비사가 처음 정비를 접해 전기 계통의 어려움을 극복하고 빛이 되어줄 진단 가이드 책이 되었으면 한다. 여러 가지로 힘들었을 당신이지만, 오늘 당신을 응원한다. 자, 그럼 또 힘내어 가보자. 그림 1-20에서처럼 결론은 나왔다. 마지막 단품 확인하는 방법을 그림으로 나타내었다. 회로에서 핀 배열 번호와 단품의 핀 번호는 서로 반대가 된다. 커넥터를 꽂으면 배선 배열과 단품의 핀 위치가 다르기 때문인데 그것 때문에 혼돈이 오기도 한다. 여러분들은 혼돈이 없기를 바란다.

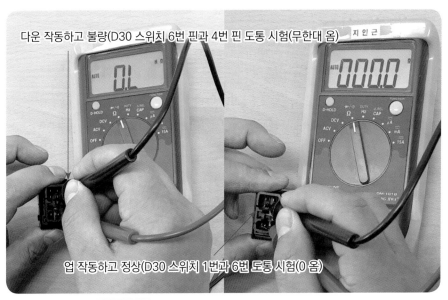

그림 1-20 동승석 파워 윈도우 스위치 저항 측정(단품)

다음은 배선 커넥터 연결되는 부분을 그림으로 나타내었다. 저항 측정하는 것에 도움이 되고자 실었다.

그림 1-21은 커넥터 체결 록 장치를 위로 향하게 놓고 우측에서부터 1번 핀이다. 현재 그림의 경우는 커넥터 체결 록 장치가 아래쪽으로 되어 있다.

단품의 경우 앞쪽에서 보면 커넥터 체결되는 반대쪽 핀이 1번이 된다. 이렇게 해서 점검 결과와 같이 간단히 동승석 파워 윈도우 스위치 교환으로 정비를 마무리할 수 있었다.

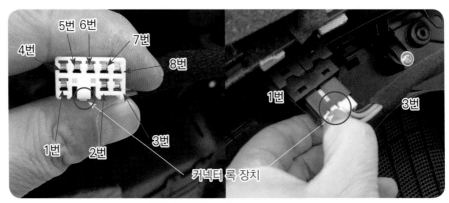

그림 1-21 D30 커넥터 핀 배열

마지막으로 그림 1-22는 해당 부품 분해 시 주의 사항을 표시하였다. 도어 트림 분해하고 조립 시 나사(스크류) 볼트 규정 토크를 준수해서 조립한다. 그림 노란색 화스너 (Fastener)는 플라스틱 재질로 스크류 오버 체결하면 소음의 원인이 된다. 주의할 점은 조립 시 전동공구 사용을 자제해야 한다. 혹 오버 토크로 조립하여 내부 화스너 홈이 넓어져 체결력 저하가 초래된다.

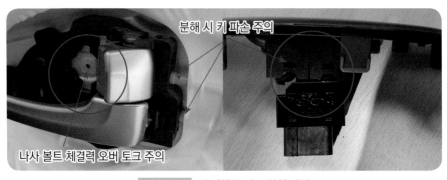

그림 1-22 인너핸들 및 스위치 작업

따라서 플라스틱 화스너(Fastener)가 규정 토크보다 더 많이 조이면 스크류에 의한 플라스틱 재질 면적이 넓어져 체결력 저하가 되고 인너 커버 간섭으로 겨울철 소음의 원인이 될 수 있다.

최근 도어는 많은 변화가 있었다고 말했다. 단순한 스위치에서 ECU가 된 것인데 진단 장비와 서로 통신 한다는 것이다. 최근 운전석 도어 스위치를 DDM(Drive Door Module) 이라고 부른다. DDM과 관련하여 유리 기어 작동 시 작동 파형을 측정하여 고장 시 적절한 대처가 필요하고 진단 장비 사용이 가능하게 되었다. 여기에선 세이프티 윈도우 메인 스위치가 그냥 스위치 타입의 경우이다.

이 경우는 그림 1-23에서 운전석 세이프티(Safety) 파워윈도우 메인 스위치로부터 접지하는 방식으로 세이프티 파워윈도우 작동 파형 측정 시 운전석 세이프티 파워 윈도우 모듈에서 약 12V를 내보내는 방식이다. 그래서 해당 업/다운 시 12V에서 0V로 떨어지는 파형이 측정된다.

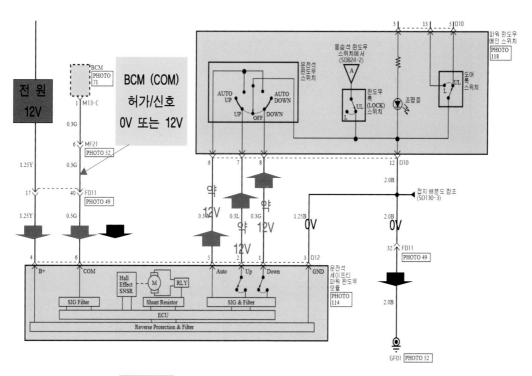

그림 1-23 운전석 세이프티 회로(출처: 현대, 기아자동차 GSW)

이것으로 보아 다운 작동 시 약 12V로 유지한다면 어디가 문제가 되겠는가? 당연히 스위치 관련된 단품과 배선의 문제로 집약할 수 있다. 이유는 약 12V가 측정되었다는 것은 운전석 세이프티 파워윈도우의 내부 시스템 문제점은 없다는 것으로 판단되어야 한다.

여기서 그림 1-23의 B+ 전원과 COM 신호에 12V 전원이 입력되면 D12 커넥터 연결 상태에서 Auto, Up, Down에서 약 12V에 가까운 전압이 출력된다.

따라서 그림 1-24에서처럼 12V 전원이 세이프티 윈도우 유닛에서부터 나오고 메인 스위치 OFF 상태의 1번에서 매뉴얼(Manual) 다운(스위치 1단 제어) 작동 시 다운이 접지되고 유리 기어 모터는 운전자가 스위치에서 손을 떼면 유리 모터는 그 자리에서 정지한다. 다시 스위치를 오토 다운 2단 제어 시 2번에서 3번으로 스위치 작동되고 오토 다운(스위치 2단 제어)이 연이어 접지되는 조건을 가지고 있다. (기계적인 작동 시간 차(差))

다시 말하면 다운 접지 이후 스위치 내부 시간차에 의해 오토(Auto) 다운(Down)이 연이어 접지되면 세이프티 유닛(Safety Window ECU)은 오토 다운으로 인식하고 다운 2단에서 손을 떼어도 자동으로 유리 기어 모터는 최 하단까지 내려간다.

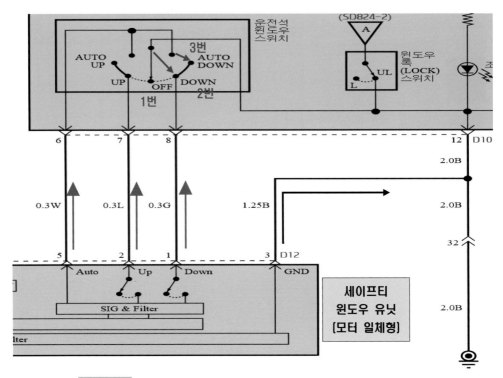

그림 1-24 세이프티 파워 윈도우 회로 이해 (출처: 현대, 기아자동차 GSW)

이것이 바로 세이프티 모터의 작동이었다. 그러나 이것만으로 세이프티 역할을 끝나는 것은 아니다. 과거의 세이프티 모터와 현재 세이프티 모터의 유리 작동 시 유리가 작동되는 구간에 이물질이 끼면 자동으로 반전되고 자동차를 취급하던 중 운전자가 강도(強盜)로부터 위험 상황(Panic)에 있다면 운전자는 유리를 올리려 할 것이다. 이때 유리가 계속 반전이 되면 오히려 운전자가 위험하지 않겠는가. 그래서 이를 보완해 스위치를 작동시켜 올리면 최근에는 반전 없이 올라가는 똑똑한 유리 기어 모터가 되었다.

최근에는 DDM(Drive Door Module)이 도입되면서 도어 스위치도 ECU 역할을 하게 되었다.

그림 1-25는 인에이블(ENABLE) 신호를 회로로 나타내었다. 그리고 그림 1-26은 세이프티 파워 윈도우 모터 유닛의 커넥터를 나타내었다. 이 커넥터 핀을 점검할 때 앞쪽 커넥터 핀에서 뾰족한 바늘이나 날카로운 공구로 삽입하지 말아야 한다. 내부 핀 접촉 불량으로 작동이 되지 않을 수 있다. (핀 내부 넓어짐)

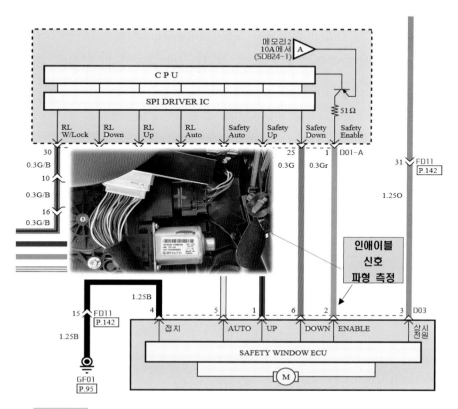

그림 1-25 세이프티 파워 윈도우 인에이블 신호 (출처: 현대, 기아자동차 GSW)

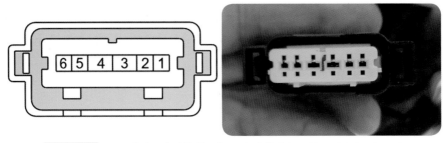

그림 1-26 D03 세이프티 파워 윈도우 모터 커넥터(출처: 현대, 기아자동차 GSW)

세이프티 파워 윈도우 회로를 좀 더 상세히 확인해 보겠다. 그림 1-25 인에이블 (ENABLE) 배선을 설명하겠다. 참고로 이 인에이블 신호는 차종과 년식에 따라 다르며 약 12V에서 0V로 제어하는 차종도 있고 신형처럼 0V에서 약 12V로 제어하는 방식이 있다.

인에이블(ENABLE) 신호는 그림 1-27에서 KEY/ON 시 배터리 전압이 측정되며 만약 이 전압이 측정되지 않으면 세이프티 모터는 작동 불가하다. 이 전압은 모터를 작동하기 위한 허가 신호로 이 전압이 들어오지 않으면 아무것도 안 된다. 운전석 도어 모듈(DDM) 이 세이프티 유닛으로 주는 전원이고 이 전원은 모터를 작동하기 위한 모터 허가 신호이 다. 배선이 접촉 불량이거나 단선 시 모터 단품을 교환하는 사례가 없도록 주의해야 한다.

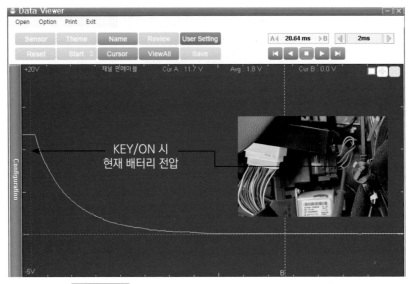

그림 1-27 KEY/ON 시 현재 배터리 전압(인에이블 신호)

그리고 시동 OFF하고 도어 문을 열지 않으면 약 30초 동안 인에이블 신호는 배터리 전압을 유지하며 이때는 KEY를 OFF 하여도 약 30초간 실내에서 유리를 작동할 수 있다. 이 상태에서 바로 문을 열면 그림 1-27처럼 배터리 전압 약 12V에서 0V로 떨어지는 파형을 측정할 수 있다.

시동을 OFF 하여도 도어를 열지 않고 유리가 내려간 것을 운전자가 확인하였다면 운전자가 KEY를 다시 ON 하지 않아도 이때 30초간은 유리 기어는 작동된다는 것이다. 따라서 이때 30초가 지난 0V 이후부터는 KEY/OFF 시 도어를 열지 않아도 유리는 작동할 수 없다. 다음 그림 1-28은 운전석 도어 모듈(Module)과 운전석 세이프티 파워 윈도우 모듈을 나타내었다.

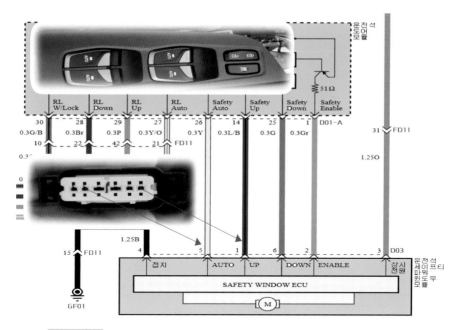

그림 1-28 AUTO와 UP 파형 측정 위치 (출처: 현대, 기아자동차 GSW)

참고로 인에이블 신호 배선이 단선되어도 세이프티 파워 윈도우 모듈 Auto, UP, Down 배선에서 차종에 따라 다르나 세이프티 파워유닛 커넥터 연결된 상태에서 약 9V~12V 전압이 측정된다. 물론 인에이블 허가 신호전압도 차종에 따라 다르나 0V 측정되는 것과 이와 반대로 약 8~12V가 측정되는 차종도 있다. 〈KEY를 ON/OFF 시 전압 변동되어야 정상〉

그림 1-29는 매뉴얼 업 시 작동 파형을 측정하였다. 과거의 스위치 타입과 그림 1-29 와는 다르며 DDM의 경우는 그림 1-29와 같이 11.8V의 약간의 전압강하가 발생하였다. 이것은 모터의 상태와 스위치 상태를 어느 정도 알 수 있는 파형이다.

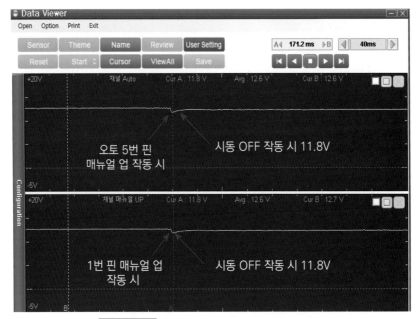

그림 1-29 매뉴얼 업 시 파형 측정(오토와 UP)

이유는 각 배선에 모두 12V 전압이 걸리고 이 전압은 세이프티 유닛에서 나오며 스위치 작동 시 전압강하가 발생한다는 것에 착안해야 한다. 그 외에 스마트 자동차 실무 진단기술 편에서 말한 것과 같이 스위치냐, 모듈이냐에 따라 차량 진단 장비를 걸어야 할지 회로를 분석해야 할지 정비사가 결정하면 된다. 여기서 DDM은 센서 데이터를 확인할 수 있어 DDM의 각종 스위치 입력을 확인하면 된다.

이번 파형 측정은 그림 1-30과 같이 도어 트림을 탈착하여 0.3Y/AUTO 5번 핀과 L/B, UP의 배선 1번 핀 작동 시 파형을 측정하였다. 모든 배선을 탐침봉으로 측정하고자 할 때는 해당 커넥터 배선 손상에 주의하여 커넥터 뒷부분을 바늘(탐침봉)로 삽입해야 한다. 단자 핀 암컷의 앞부분을 찌르면 핀이 넓어져 2차 고장의 원인이 된다.

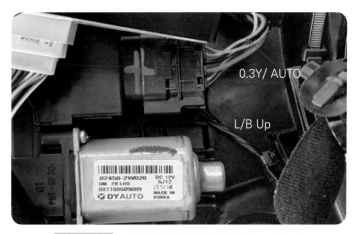

그림 1-30   매뉴얼 업 시 파형 측정 위치(오토와 UP)

주의해야 하며 탐침봉 삽입 시 잘 들어가지 않으면 다시 빼서 옆 부분을 삽입하고 자연스럽게 바늘이 끝까지 들어가게 된다면 제대로 삽입되었다고 본다.

이때 초보자는 커넥터 손상이 있을 수 있음에 주의해야 한다.

그림 1-31과 같이 오토 업(2단) 작동 시 오토와 업이 동시에 접지되는 것을 확인할 수 있었다. 이 파형 측정 결과 스위치(DDM)가 정상 임을 알아야 한다.

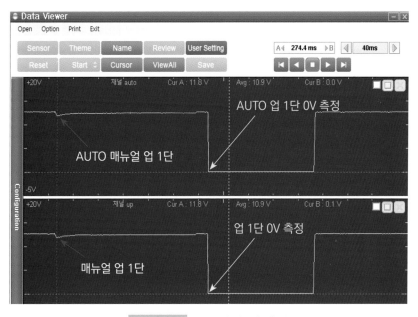

그림 1-31   오토 업 시 파형 측정

그런데도 유리 모터가 작동되지 못한다면 이것은 세이프티 모듈 내부 모터가 불량한 것이다. 세이프티 파워 윈도우는 소프트 스탑과 하드 스탑이 있는데 이는 소프트 스탑(Sofe Stop)은 윈도우가 최 하단 위치를 기억하고 최하단 위치에 도달하기 이전에 모터를 정지하여 유리 기어 시스템을 보호한다. 유리 기어가 최 하단의 스토퍼에 닿기 전에 모터 작동을 정지시켜 줌으로써 소음 저감, 내구성 향상, 유리 기어 유격 발생 최소화하는 기능이라 할 수 있다. 과거의 유리 기어 시스템은 이런 기능들이 들어가 있지 않았다.

보통 작동은 소프트 스탑(Sofe Stop) 위치에서 유리 기어는 정지하지만, 정지 상태에서 한 번 더 스위치를 다운하면 하드 스탑(Hard Stop)의 위치로 조금 하강한다. 세이프티 파워윈도우는 전자적으로 제어하는 컨트롤 유닛을 설치하고 모터 내부에 윈도우 글라스의 위치 및 구속 감지를 위한 센서를 장착하여 윈도우가 오토 업으로 동작 중에 글라스와 차체 사이에 물체가 끼어 모터가 상승 못 하면 즉시 윈도우를 하강하여 승차자의 안전을 확보해 주는 안전 편의장치가 바로 세이프티 파워 윈도우 인 것이다.

그림 1-32는 유리 기어 스위치 작동 별 유리 기어의 유리 위치를 그림으로 나타내었다.

그림 1-32 소프트 스탑과 하드 스탑 유리하단/ 정지 위치

이처럼 모터 작동 시 모터의 내구성을 좋게 하고 하강 시 모터 부하로 인한 차량 떨림이 없으며 이를 작동하기 위해 발전기는 충전을 지속적 해야 했으나 지금의 자동차는 별다른 충전이 필요치 않는다. 충전에 따른 연비 저감/효과를 조금은 가질 수 있다.

그리고 유리 기어 와이어 및 윈도우 레귤레이터 손상을 적게 한다. 움직이려 하나 움직일 수 없는 조건에 있다면 이것 또한 전기적/기계적 저항이라고 할 수 있다.

파워 윈도우 모터의 세이프티 유닛은 모터 일체형으로 모터 부위와 신호 입력 처리 부를 제어하는 부품으로 구성된다.

윈도우 모터는 12V 정격 전압을 가진 DC 모터로 최대로 출력되는 전류는 약 30A에 달한다. 모터 내부에는 보통 2개의 홀 센서가 있다. 이 센서로 윈도우 모터의 방향성과 위치 및 구속 여부를 감지할 수 있도록 만들었다. 이 방식은 최근 신형 자동차에서는 모두 적용된다. 따라서 최근 세이프티 파워 윈도우는 모두 적용되었다 할 수 있다.

과제 1 해당 자동차에서 파워 윈도우 스위치 D30 커넥터에서 UP 시와 DOWN 작동에서 전압 파형을 측정하시오.

해당 커넥터	단자 핀 번호	스위치 UP 작동 시	스위치 DOWN 작동 시
D30 커넥터	1번 핀		
	2번 핀		
	4번 핀		
	6번 핀		
	7번 핀		

과제 2 해당 자동차에서 파워 윈도우 스위치 단품 및 모터 저항 측정하시오.

해당 스위치	단자 핀 저항(Ω)	스위치 UP 작동 시(Ω)		스위치 DOWN 작동 시(Ω)	
D30 커넥터	6번 핀과 1번 핀				
	단자 핀 저항(Ω)	다운 작동(Ω)		업 작동(Ω)	비작동(Ω)
	1번 핀과 2번 핀				
	모터 저항(Ω)	측정값	규정값	판정	
				양호/불량	

 과제 3 파워 윈도우 스위치를 분해하기 위한 해당 자동차 분해 순서를 기술하시오.

스위치를 분해하기 위한 과정 기술

순서	해당 자동차 파워 윈도우 스위치 분해 과정을 기술하시오.(각1점)
1	
2	
3	
4	
5	

과제 4 세이프티 파워 윈도우 유닛의 커넥터에서 Auto와 Down, up 배선을 이용하여 각 스위치 작동 시 파형을 측정하여 그리시오.
(차종별 회로 참조)

점검 부위	점검 조건	스위치 작동	전압(V)	비고
세이프티 커넥터	KEY/OFF 시	인에이블 신호		
	KEY/ON 시	인에이블 신호		
	시동 ON/KEY/ON	AUTO 배선 (오토 다운 시)		
		다운 배선 (다운 작동 시)		
		상시 전원		

 과제 5 세이프티 파워 윈도우 각 작동 별 파형을 측정하여 그리고 설명 하시오.

점검 부위	작동 조건	파형 그리기	설명
세이프티 파워 윈도우 커넥터	오토 (오토 업 시)		
	업		
	오토 (오토 다운 시)		
	다운		
	인에이블 (KEY/OFF 시, KEY/ON 시)		

전기자동차 스마트키
진단 실무

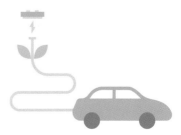

제2장

전기자동차 스마트키 진단 실무

제2장 전기자동차 스마트키 진단 실무

　전기자동차 스마트키는 운전자가 유효한 정상적으로 등록된 스마트키 소지만으로 리모컨 및 기계적 키를 별도 조작 없이 손쉽게 차량 도어(Door)나 트렁크 개폐 및 시동까지 가능한 키(KEY)를 말한다.

　시동을 걸기 위해서는 먼저 차량 도어 문을 열어야 하고 브레이크를 밟고 버튼을 누르면 정상적인 차량은 시동이 걸리게 된다. 과거에는 스티어링 컬럼 잠금/해제가 있는 차량의 경우 잠금/해제가 이루어지고 전원 이동(ACC→ON→Start)되어 엔진을 돌릴 수 있다.

　기계식 키를 예를 들면 핸들 록(Rock)이 된 상태에서는 전원 이동이 불가하다. 이때는 핸들을 좌, 우로 돌리며 키를 돌려야 핸들 록이 해제되며 자동차 키(key)가 스타트로 돌아간다.

　이번 스마트키 실무 정비에서는 패시브 도어 록/언록 버튼, LF 안테나, RF 리시버, 엔진 스타트 스탑 버튼(start Stop Button)에 관한 단품 점검 방법을 가지고 학습하고자 한다.

그림 2-1 　스마트키 모양

먼저 각 부품 별 기능을 설명하고자 한다. 스마트키 홀더(Holder)는 최근에는 삭제되었다. 그러나 구형의 경우에는 있어 설명한다. 스마트키는 외부 수신기(리시버)로 고유 ID 무선 송신 및 리모컨 신호 송신역할을 한다.

그림 2-2 SSB와 PDM 키 홀더(장착 위치 차종별 다름)

스마트 키 홀더 삭제는 차량 공간을 확보하고 메이커(Maker) 입장에서는 원가 절감이 될 수 있다. 초기 차량의 경우는 장착되었으나 최근에는 대부분 없다. 스마트키 홀더는 키의 트랜스 폰더와 무선 통신을 위한 이모빌라이저 안테나와 스마트키 삽입을 인식하는 마이크로 스위치를 내장하고 스마트키 방전이나 고장 시 스마트키 ECU로 직접 통신이 되도록 비상 시동을 수행하는 장치이다. 그래서 최근에는 삽입하지 않고 시동 버튼을 엔진 스타트 스탑 버튼(ESSB) 밀착하여 림폼(limphome) 시동을 수행한다.

자동차 회사에서는 부품 수를 줄이고 현재 있는 부품에서 두 가지 기능을 병행한다면 기존 보다 더 절약할 수 있어 더욱더 효과적인 제어를 할 수 있다. 그 대표적인 것이 스마트키 홀더이다. 그림 2-2처럼 PDM도 최근 신차종은 삭제되어 스마트키 유닛 내부로 들어가 일체형이 되었다. 다음 그림 2-3, 4는 스마트키 전원이동 시 데이터 및 스타트 스탑 버튼 작동 시 데이터를 나타낸다.

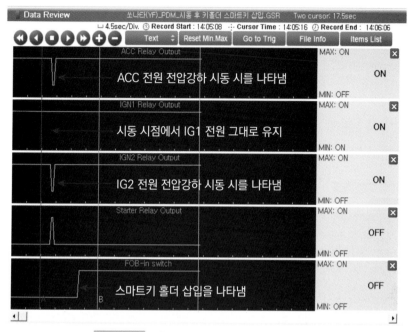

그림 2-3 시동 시 전원 및 스마트 키 홀더 삽입

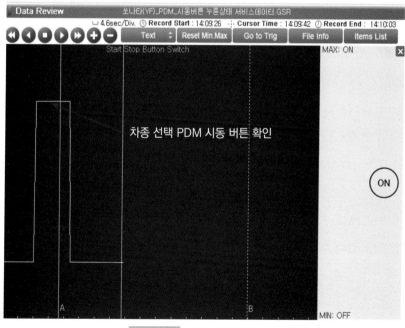

그림 2-4 시동 버튼 확인 방법

시동 버튼은 자동차의 전원을 전기적인 신호로 스마트키 ECU와 전원 분배 모듈 (Power Distribution Module)로 전기적 신호를 보내는 역할을 한다. 그림은 시동 버튼을 눌러 나타낸 데이터이다. 이 신호를 보면 버튼의 배선상태를 차량에서 분해하지 않고 알 수 있다. 자동차 데이터 분석이 중요하다는 의미이다. 만약 시동이 걸리지 않는 자동차가 우리에게 닥친다면 시동이 걸리지 않는 원인이 시동 버튼인지 아닌지 확인하는 방법이다. 따라서 정비사는 진단 기술 연구 과정이 필요할 것이다.

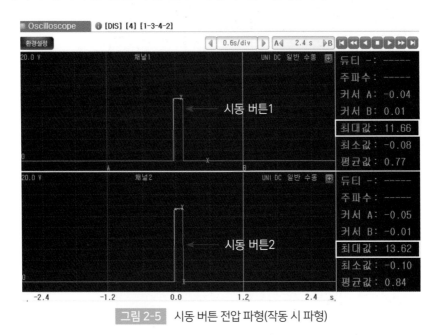

그림 2-5 시동 버튼 전압 파형(작동 시 파형)

이때 브레이크를 밟고 버튼을 누르면 시동이 걸리나 브레이크 신호가 스마트키 ECU로 입력되지 않으면(OFF 상태라면) ACC 전원으로 이동되고 현 위치가 ACC라면 ON 상태로 전환된다.

알아 두어야 할 것은 변속레버 P 레인지가 아닌 다른 위치에서 시동 OFF 시 전원이 꺼지는 것이 아니라 ACC(Accessory) 전원으로 이동한다는 것이다. 이때는 운전자가 자동차에서 내려 스마트키로 문을 잠그려 하나 잠기지 않는다. 다음은 전원이동 순서를 나타내었다. 보통 전원이동 순서(OFF ↔ ACC ↔ ON ↔ ST)는 스마트키 시스템의 경우 브레이크를 밟아 스타트 스탑 버튼을 누르면 바로 스타팅으로 제어한다. 그 대표적 전원이동 제어 장치가 PDM이다. 시동 버튼의 단품 저항은 차종에 따라 다르나 약 140~150Ω 정도이다.

전원 이동 순서: (OFF ↔ ACC ↔ ON ↔ ST)

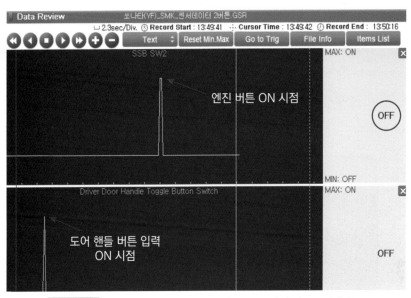

그림 2-6 센서 데이터 핸들 스위치 이상 유무/엔진 버튼2 이상 유무

PDM(Power Distribution Module)은 자동차 전원 이동을 담당한다. (스마트키 ECU 로 들어감) 예전 기계식 열쇠 타입은 여러 번 사용하면 내부 접점의 손상으로 스위치 내부 저항이 발생하여 전류 흐름을 방해하였다. 그때는 운전자가 내부 키를 돌려 전원 이동 으로 시동을 걸었다면 이제는 전자적으로 수행한다.

그림 2-7 칼럼 샤프트와 ESCL

스마트키를 가지고 엔진 시동을 거는 것을 패시브 엔진 스타터(Passive Engine Starter)라 하고 스마트키 인증에 의한 도어 록/언록을 우리는 패시브 도어 록/언록(Passive Door Lock/UnLock)이라고 한다.

　ESCL(Electronic Steering Column Lock)은 전자적으로 스티어링 잠금장치를 말하며 최근 관련 법규 개정으로 신차의 경우 점차 삭제되었다. (현재는 삭제됨)

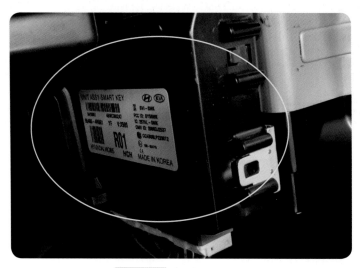

그림 2-8　스마트키 모듈

　스마트키 모듈은 전반적인 기능을 총괄하는 사령관으로 스마트키를 찾거나 무선 데이터 신호. 송/수신, 스마트키 인증을 통한 시동 허가, 경고 메시지 출력 각종 경보음 등을 제어하는 역할을 한다.

　전원 분배 릴레이는 기존과 다르게 ACC, IG1, IG2, ST 총 4개로 구성되며 전원 분배 모듈이 명령을 내리고 그것에 의해 동작한다. 주로 장착 위치는 엔진 룸 정션 박스 내에 장착된다. 최근의 자동차는 릴레이도 삭제되는 추세이다.

그림 2-9 전원 분배 릴레이

PDM이 각 릴레이를 순차적으로 접지 제어하여 전원을 이동한다. 다음 그림 2-10은 오디오 하단부에 장착된 실내 안테나 1을 나타내었다.

그림 2-10 실내 안테나

안테나는 실내, 트렁크, 리어 범퍼에 있으며 스마트키 모듈에 의해 구동되며 해당 위치의 스마트키를 찾기 위해 약 125㎑ 대역의 LF 무선 데이터 송출하는 역할을 한다. 핸들 버튼 스위치 상태와 안테나 구동 파형을 측정하여 상태를 알 수 있다.

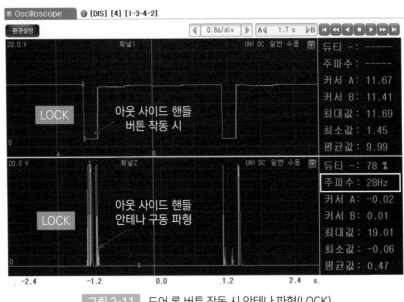

그림 2-11　도어 록 버튼 작동 시 안테나 파형(LOCK)

LF 안테나의 신호를 수신한 스마트키는 자신의 스마트키 ID 정보를 350~450㎒ 대역의 RF 무선 데이터로 차량의 외부 수신기 또는 스마트키 모듈 내부 수신기로 전송한다.

스마트키 모듈은 RF 리시버가 보낸 스마트키 정보를 분석하여 기존 등록된 ID 정보와 일치한다면 바디 전장 제어 모듈(Body Control Module) 측으로 도어 록/언록 제어 명령을 내린다. 바디 전장 제어 모듈(BCM)은 도어 록/언록 릴레이를 동작시켜 모든 도어 액추에이터를 잠금 또는 해제하게 된다.

정비는 여기서부터 시작된다. 모든 도어(Door)가 안 열리거나 시동이 걸리지 않는 현상을 합리적으로 해결하는 것. 시스템을 이해하고 진단 장비를 토대로 정확하게 정비할 수 있는 것. 이것은 우리 모두가 추구하려는 정비의 이상(理想)일 것이다.

기술인은 배가 고파서 죽지 않는다. 노력하지 않아서 죽을 뿐.

모두 노력합시다. 정비하는 데 있어 운전석 도어 핸들에 장착된 패시브 도어 록 스위치와 LF 안테나의 신호 입력을 개인적으로 잘 정리한다면 좋은 결과를 얻을 수 있을 것이다. (현재 아웃사이드 핸들 버튼 삭제 터치 센서로 변경) 그리고 패시브 도어 록 스위치의 센서 데이터값을 누름과 누르지 않음을 정리하는 것이 스마트키가 장착된 자동차의 정비에서는 필수일 것이다.

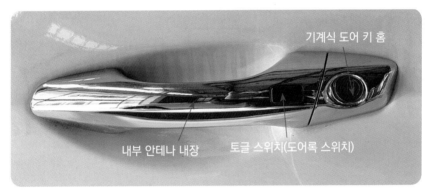

기계식 도어 키 홈

내부 안테나 내장   토글 스위치(도어록 스위치)

그림 2-12 도어 아웃사이드 핸들 및 안테나 내장

도어 아웃사이드 핸들(Door outside handle)은 도어를 열고. 닫을 수 있게 패시브 록/언록 버튼과 LF 무선 안테나를 내장하고 있고 스마트키를 소지하고 출입을 위해 도어 록/언록 버튼을 누르면 스마트키 모듈이 아웃사이드 핸들 안테나를 구동하여 내 스마트키를 찾는다.

도어 아웃사이드 핸들에 내장된 LF 안테나의 상태 체크를 진단 장비 가지고 각 핸들의 안테나를 점검한다면 더욱더 빠른 정비가 될 것이다. 도어 아웃사이드 핸들 토글 스위치 ON 시 내부 저항은 약 360~400Ω 이다. 다음은 아웃 사이드 핸들 토글 스위치 작동 시 파형을 나타내었다. 또한 아웃 사이드 핸들 안테나 구동파형을 동시에 나타내었다. 각 측정 파형으로 아웃 사이드 핸들과 안테나, 스마트키 유닛의 상태를 미루어 알 수 있다.

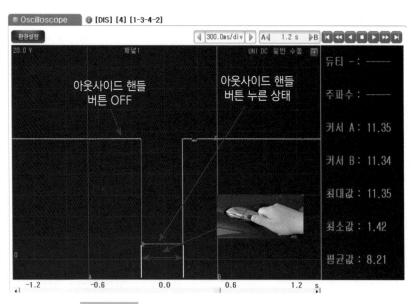

그림 2-13 패시브 아웃사이드 핸들 버튼 작동 시 파형

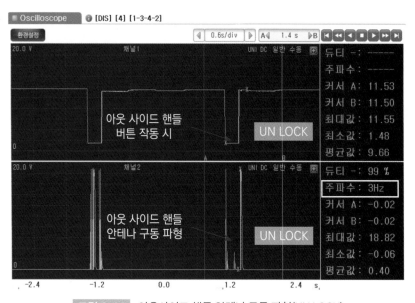

그림 2-14 아웃사이드 핸들 안테나 구동 파형(UN LOCK)

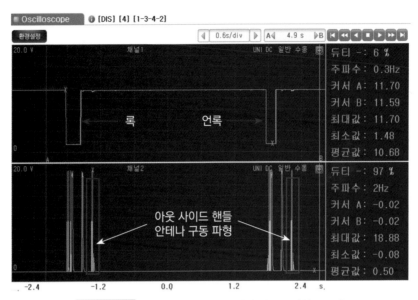

그림 2-15 스마트키 못 찾음 프레임(핸들 스위치 ON 시)

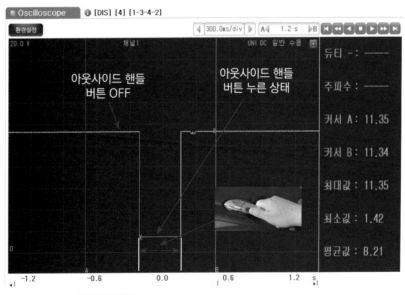

그림 2-16 패시브 아웃사이드 핸들 버튼 작동 시 파형

패시브 도어 록/언록 스위치를 누르면 스위치 파형은 그림 2-13, 14, 15, 16처럼 파형이 측정된다. 이는 스위치의 단품과 배선의 상태를 한 번에 알 수 있는 포인트가 된다. 운전석이든 동승석이든 아웃사이드 핸들 LF 안테나의 단품 저항이 정상일 때 측정하여 기록해두고 고장 시 통전 검사로 단품 저항을 차종별 정리할 필요가 있다.

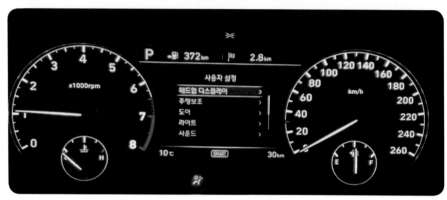

그림 2-17 클러스터 모듈

클러스터 모듈은 계기판으로 각종 경고등과 메시지를 전달하고 파워 트레인(엔진, 변속기, 제동장치) 정보를 중간에서 전송하는 게이트(gate) 역할을 한다. 외부 부저는 스마트키 시스템 작동과 관련된 작동음과 경보를 발생시키는 역할을 한다. 스마트키 이탈에 따른 경보음 발생한다.

그림 2-18 외장 부저

스마트키를 가지고 자동차 도어 잠김/열림을 하는 방법은 크게 두 가지를 들 수 있는데 그 첫 번째는 스마트키를 소지하고 도어 아웃사이드의 해당 버튼을 누를 때와 스마트키 리모컨으로 작동할 때이다.

먼저 스마트키를 소지하고 도어를 열 때의 제어과정을 설명하고자 한다. 스마트키 인증을 통한 도어 록/언록 기능을 말하는데. 등록된 키를 소지하고 사용자가 도어 아웃 사이드 핸들에 설치된 버튼을 누르면 그 버튼 ON 신호는 전기적 배선을 통해 SMK(스마트키) 모듈로 입력된다.(이 배선 단선 시 작동 불가)

스마트키 모듈은 ON 신호가 입력된 아웃사이드 핸들 내부에 장착된 안테나 구동 신호를 배선으로 아웃 사이드 핸들을 구동한다. (배선 단선 시 안테나 구동 불가)

아웃사이드 핸들에 장착된 LF 안테나는 125㎑ 대역의 저주파 무선 신호를 보내고 수신 거리 안에 있는 스마트키는 1~1.5 미터 이내 위치한 기등록된 스마트키는 무선 데이터를 수신받아 나의 고유 ID 정보를 전송한다.

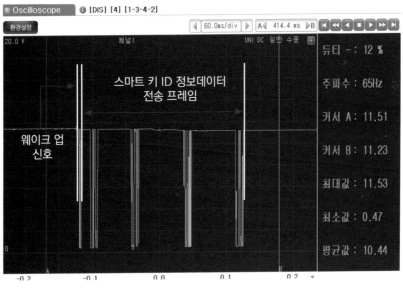

그림 2-19 리모컨 작동 시 RF 리시버 데이터 프레임

LF 무선 데이터를 수신받은 스마트키는 암호화된 자신의 ID(Identification) 정보를 자동차 내부에 설치된 RF(Radio Frequency) 리시버로 스마트키는 무선으로 자신의 정보를 송출하게 된다. 위 파형은 스마트키 정보를 RF 리시버가 받아 SMK ECU로 입력되는 디지털 변조 신호이다. (스마트키에서 보낸 고유 ID 정보)

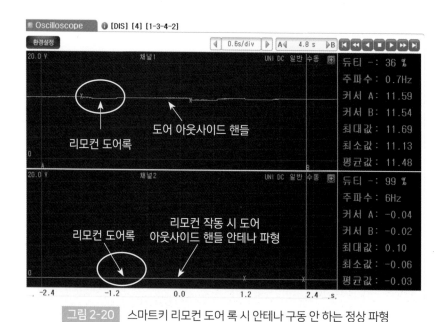

그림 2-20 | 스마트키 리모컨 도어 록 시 안테나 구동 안 하는 정상 파형

그림 2-20의 파형은 스마트키 리모컨으로 작동한 파형으로 도어 록 시 아웃사이드 핸들 안테나 신호와 접지 파형이다. 이는 리모컨 작동으로 파형이 나타나지 않음을 알아야 한다.

RF 리시버는 자동차 내부 트렁크 상단이나 동승석 A필러 상단에 주로 설치되며 RF 리시버(외부 수신기)는 스마트키에서 받은 무선 데이터 정보를 디지털 신호로 바꾸어 SMK 모듈로 보내는데 전기배선 한 가닥으로 스마트키 모듈로 전송한다.(이 한 가닥 배선 단선 시 도어 개폐 불량/ 무선 시동 불가/림폼 시동 작동됨)

스마트키 모듈은 RF 리시버에서 보내온 스마트키 정보를 분석하여 기존 등록된 ID 정보와 일치하는지 판독/판단하고 일치할 경우 바디 전장 제어 모듈(Body Control Module) 측으로 도어 록/언록 명령을 하게 된다. 만약 일치하지 않을 경우 스마트키 모듈은 아무런 액션(Action)을 하지 않는다. 스마트키 모듈로부터 명령을 받은 BCM은 도어 록/언록 릴레이를 제어하여 전 도어 액추에이터 잠금 및 열림을 작동한다. 〈추가〉 다음은 시동 버튼 1, 2 작동 파형을 측정하였다.

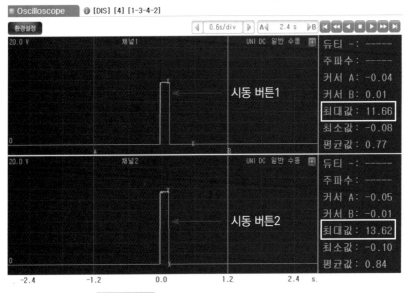

그림 2-21 시동 버튼 전압 파형(작동 시 파형)

운전자가 자동차에 들어가서 그다음 해야 할 행동은 시동을 거는 일일 것인데. 스마트키 인증을 통한 엔진 시동을 전자에 설명한 것과 같이 패시브 엔진 스타터(Passive Engine Starter)라고 했다.

이것은 자동차 실내에 인증된 스마트키가 있어 사용자가 시동 버튼을 조작하여 시동을 거는 것을 말하는데 이때 SMK(Smart Key ECU), PDM(Power Distribution Module)은 브레이크 신호, 자동차 주행/정지 여부, 변속레버 위치, 현재 전원 상태 등을 전반적으로 판단하고 자동차 전원 이동으로 엔진을 시동 제어한다. 운전자가 브레이크 페달을 밟고 SSB(Start Stop Button)를 누르면(그림 2-21) 버튼 ON 신호가 위 파형처럼 전압 신호가 SMK 모듈과 전원 분배 모듈(PDM)로 전기배선을 통해 각각 입력된다. (현재는 SMK 쪽으로 입력된다.) 최근 자동차는 이 신호가 스마트키 모듈로만 들어간다. PDM이 스마트키 모듈 안에 내장되어 있기에 그렇다. (장치 일원화)

SMK 모듈은 브레이크 신호와 SSB 버튼 신호가 입력되었으므로 자동차 실내에 장착된 LF 안테나를 구동하여 스마트키를 찾는다. 스마트키는 이 신호를 무선 주파수로 변환하여 RF 리시버로 무선 전송한다.

안테나 구동 신호를 스마트키가 받아 스마트키 자신의 ID 정보를 내부에 설치된 RF 안테나를 통해 무선으로 송출한다. 자동차 내부에 설치된 RF 리시버(외부 수신기)는 스마트키가 보낸 무선 데이터를 디지털 신호로 바꾸어 SMK 모듈(Smart key module)로 전기배선(시리얼 통신)을 통해서 정보를 전송한다. (그림 2-19)

SMK 모듈은 RF 리시버가 보내준 스마트키 정보를 분석해 기존 등록된 ID 정보가 개똥이라고 한다면 개똥이가 맞는지 확인 후 일치한 경우 스마트키 모듈은 엔진 시동 명령을 내린다. 하지만 자동차 시동 조건을 만족해야 한다. 예를 들면 변속레버 P/N 위치, 차량 정지 상태, 브레이크 페달 밟은 상태 스마트키 모듈 내의 PDM(Power Distribution Module)은 ACC, IG1, IG2, ST 릴레이를 전원 이동 또는 엔진 시동 조건에 맞게 각각 구동한다. 단 ESCL(Electronic Steering Column Lock) 적용 차량은 릴레이를 구동하기 전에 ESCL을 먼저 작동시켜 스티어링 잠금을 해제한다. 과거 PDM이 있는 경우는 컬럼이 기계적이든 전기적이든 해제가 안 되면 전원 이동을 하지 않았다. (과거 스마트키 차량)

과거 스마트키 노브 타입의 컬럼 록을 메케니컬 스티어링 컨트롤 록(Mechanical Steering Control Lock)으로 전자적(ESCL)인 컬럼 록에 비해 최초 운전자가 버튼 타입이 아닌 노브 타입으로 전원 이동 시 걸리는 듯한 이질감이 있었다. 컬럼 록이 해제된 후 전원 이동이 되어야 하는데 말이다. (해제되는 데 시간이 걸림) 결국, ECCL은 진화된 컬럼 록 장치라고 할 수 있다.

최근에는 이것조차도 삭제되었다. 우리가 기계식 키를 빼고 핸들을 돌리면 핸들이 돌아가다가 어느 순간 잠겨 돌아가지 못한다. 그 장치를 전자적으로 한다는 말이다.

그림 2-22는 스마트키 시동 회로를 나타내었다. 그림에서 시동 정지 버튼은 푸쉬 리턴 타입의 스위치로 버튼을 누르고 있으면 접점이 붙고 스위치에서 손을 떼면 내부 접점이 떨어진다. 회로를 보면 SSB 스위치는 2개의 접점을 가지는데 SSB/SW1은 PDM으로 입력되고 SSB/SW2는 SMK로 입력된다. 이렇게 두 개의 모듈로 SSB 신호가 입력되는 것은 서로의 신호를 공유하기 위함이다.

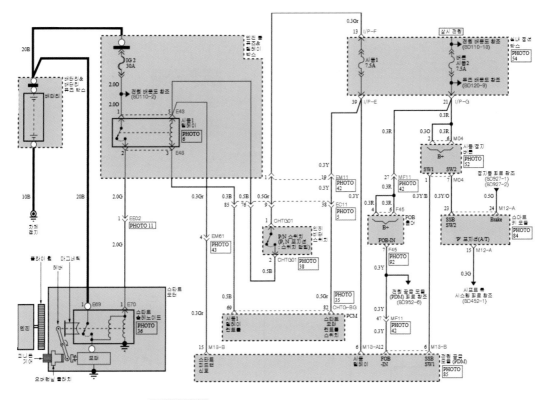

그림 2-22 스마트키 시동 회로 (출처:현대, 기아 GSW)

예를 들어 둘 중 하나의 모듈에만 신호가 들어간다면 인증을 위한 시동을 완성하기 위해 SMK 모듈은 하나의 모듈에만 이 버튼 신호가 입력되었다고 클러스터에 명령한다. 그로 인해 SMK 모듈은 한 번 더 검증을 위하여 클러스터 모듈에게 다시 한번 브레이크를 밟고 시동 버튼을 눌러 시동하라는 메시지를 띄워 제어한다.

운전자는 한 번 더 SSB를 누르게 될 것이고 만약 그래도 어느 하나의 모듈에만 지속으로 입력 신호가 들어오면 SMK 모듈은 시동 인증을 하겠다는 의미이다. 여기서 상위 개념의 모듈은 SMK 모듈이다. 이런 모듈 간의 소통은 각각의 캔 통신을 통하여 이루어지며 버튼의 상태는 스위치를 눌러 모듈로 입력됨으로 진단 장비를 통하여 신호를 확인할 수 있다. 그래도 모듈로 각 버튼 신호가 들어오지 않으면 다음 그림과 같이 측정을 통하여 원인을 해결해야 한다. 이때는 해당 부품을 분리하여 측정해보아야 한다.

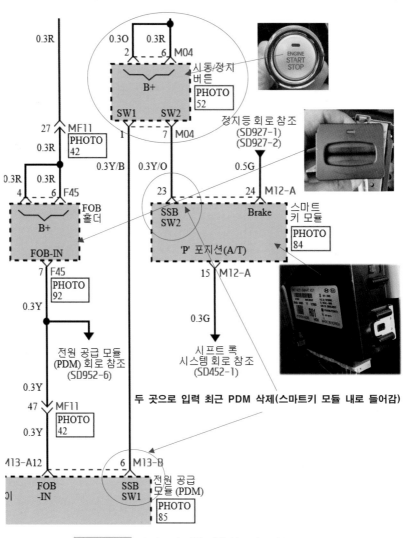

그림 2-23　스마트키 시동 버튼 회로 (출처:현대, 기아 GSW)

시동 버튼스위치 내부 접점의 상태가 노멀 오픈(Normal Open)/노멀 클로즈(Normal close)에 따라 측정 전압이 달라진다. (차종에 따라 다름)

그림 2-23에서처럼 회로에서 시동 버튼 내부를 구체적으로 회로 부분에 나타내지 않았다. 내부의 상태를 알면 출력 전압을 확인하는데 좀 더 수월하다. 이는 회로 분석이 좀 더 수월할 수 있기 때문이다.

그림 2-24처럼 M40 커넥터 9/10번 핀에 전압 파형을 측정하면 어떤 전압 파형이 측정될까? 이 회로라면 평상시 버튼을 작동하지 않으면 어떤 전압(V)이 측정되고 시동 버튼을 누르고 있으면 어떠한 전압이 측정되겠는가. 만약 스위치를 작동하지 않은 상태에서 약 12V가 측정된다면 스마트키 모듈에서 약 12V 풀-업 전압을 내보내는 것이다.

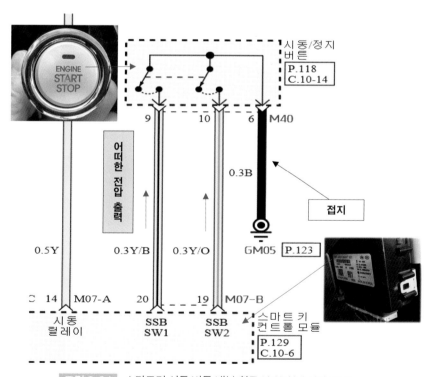

그림 2-24 스마트키 시동 버튼 내부 회로 (출처: 현대, 기아 GSW)

63

이것은 매우 중요한 검증 단계이며 때로 명확한 측정을 위해 필요한 단계이다. 이 전압이 출력되지 않는데 버튼을 갈아 봐야 허탕 칠 게 뻔하다. 그러기에 앞서 스마트키 모듈로 버튼 신호가 입력되는 것을 회로를 통하여 알았으니 자동차 종합 진단기를 가지고 해당 차종 선택하여 스마트키 모듈로 진단 장비를 연결하고 버튼을 작동하면서 신호 데이터가 ON/OFF 된다면 해당 커넥터 M40 커넥터 핀에서 전압 파형을 측정할 필요는 없다. 이처럼 회로가 중요하다는 것을 말하고자 하는 것이다.

여기서 스마트키 모듈에 12V가 측정되는데 버튼을 누를 때마다 전압이 0V로 떨어지지 않는다면 이는 어디가 문제이겠는가? 여러분이 한번 생각해 봐도 시동 버튼 단품 문제이거나 접지 배선, 접지와 연결된 각 커넥터 접점 불량이 아니겠는가. 결국. 주먹구구식이 아닌 합리적이고 과학적 검증 방법으로 해결하는 것이 중요하다 하겠다.

그림 2-25는 브레이크 스위치 회로를 나타낸다. 회로도에서 정지등 스위치 A/B 접점에서 A 접점은 브레이크 페달을 밟으면 스위치가 E18 커넥터 1번 핀으로 연결되고 B 접점은 E18 커넥터 3번 핀으로 연결되지 못하는 구조이다.

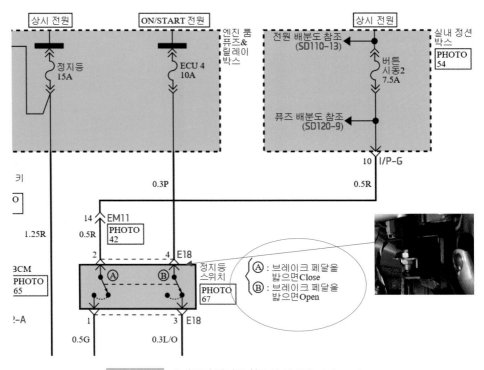

그림 2-25 스마트키 정지등 회로 (출처:현대, 기아 GSW)

　　최근 브레이크 스위치는 이중 스위치로 고장 시 제어 로직에 의해 림폼 모드로 제어한다. 따라서 브레이크 스위치는 평상시에는 B 접점은 E18 커넥터 4번 핀에서 3번 핀으로 연결되는 구조이다.

　　브레이크 스위치는 작동할 때 해당 모듈로 전압 변화가 생기는데 이 전압 변화가 생기지 않는다면 림폼 모드로 진입한다. 예를 들어 ABS/EBD 기능 허용 및 VDC 기능 금지가 대표적이다. 브레이크 스위치 검출 시기는 상시이며 검출 조건은 예를 들어 마스터 실린더 압력 값이 80 Bar 이상일 때 브레이크 라이트 스위치 신호가 1초 이상 들어오지 않으면 고장 코드를 검출한다.

　　전기자동차든 내연기관 자동차든 브레이크 신호는 자동차를 운행하는 데 있어 매우 중요하다. 따라서 브레이크 스위치의 중요성을 인식하고 2중 스위치를 두어 정밀제어를 하고자 한 것이다. 물론 고장이 나면 림폼(Limp Home) 제어를 한다.

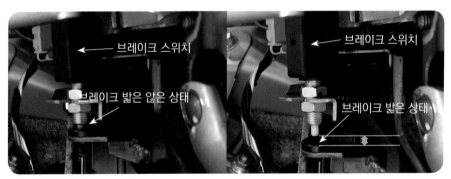

그림 2-26 브레이크 스위치 작동 상태

　　브레이크 스위치 단품 저항과 전압 파형으로 배선과 단품을 알 수 있는 것이다. 브레이크 스위치는 접점 이상을 확인하기 위해서는 작동 전 전압 파형과 작동할 때 파형을 측정하면 배선 문제인지 단품 문제인지 확인할 수 있다. 최근 자동차는 브레이크 스위치도 기존 접점 방식이 아닌 IC 방식으로 바뀌고 있다.

그림 2-27　최근 브레이크 스위치

　최근 브레이크 스위치는 검출 조건이 ABS 비 제어 중, 마스터 실린더 압력이 15 Bar 이하인 상태에서 브레이크 라이트 스위치의 OFF인 상태가 1초 이상 지속된 경우가 연속 3회 발생할 경우이다. 이렇듯 자동차마다 고장 코드를 검출하는 조건이 ECU마다 다르다 할 것이다. (C154201 브레이크 스위치 이상)

　그림 2-28은 진단 장비를 연결하는 OBD 진단 커넥터를 나타내었으며 차종마다 위치 는 다르나 센서 데이터 및 고장진단을 확인할 수 있는 곳이다.

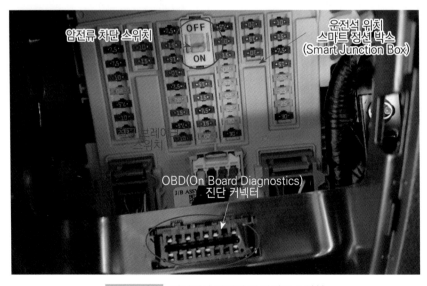

그림 2-28　자기진단 커넥터 및 암전류 스위치

그리고 암전류 차단 스위치가 새로이 적용되었는데 차량이 출고 전에는 OFF 상태이며 고객에게 인도 후는 ON 상태이다.

그림 2-29 암 전류 차단 문구(클러스터)

이 스위치를 OFF 상태에 위치하면 CAN Sleep 진입 5분 후에 스마트 정션 박스 오토 컷 릴레이를 차단하여 스마트 정션 박스도 전원이 Down 된다. 평상시 ON 상태 위치라면 20분 후에 오토 컷 릴레이를 차단하여 암 전류 시간이 길어진다.

리모컨 경계 진입 시 약 30~70초 후 릴레이를 차단하며 타 전장 시스템 슬립 모드 30 초~60초이며 스마트 정션박스 슬립 대기시간도 약 5초간이다. 암 전류 차단 이후 IG/ON 시, 도어 스위치, 도어 록 스마트키 리모컨 작동 시 차단 모드가 즉시 해제된다. 장시간 오래 세워 두는 자동차는 이 암전류 스위치를 OFF 하여 암전류에 의한 배터리를 보호하는 장치라고 보면 좋겠다.

암 전류 차단 스위치를 OFF하고 운행할 경우 스마트키 무선 인증과 BCM이 정지된다. 또한 시계, 오디오에 설정된 주파수가 리셋(Reset) 된다. 따라서 알고 OFF로 작동해야 할 것이다. 다음은 최근 브레이크 스위치를 회로로 나타내었다.

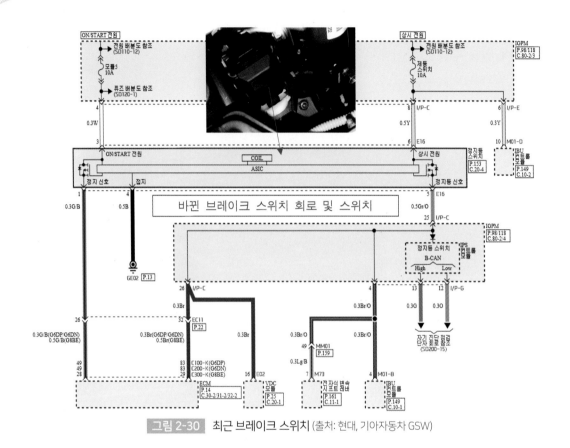

그림 2-30 최근 브레이크 스위치 (출처: 현대, 기아자동차 GSW)

　최근 브레이크는 접점이 스위치 타입에서 IC 타입으로 바뀌었다. 이유는 사용하면서 접점의 불량으로 오작동을 방지한다. 엔진의 ETC(Electric Throttle Control) 시스템 경우 작동 불량을 감지하기 위하여 브레이크 신호를 이용한다.

　브레이크 스위치의 고장진단을 위하여 두 가지(브레이크 경고등 스위치, 브레이크 점검 스위치) 신호가 이용되며 두 신호는 브레이크 작동 여부에 따라 각각 반대 값을 전송한다. 브레이크를 밟지 않은 상태에서 브레이크 점검 스위치는 전원 전압을 전송하고 브레이크 스위치는 약 0V 값을 출력하며 브레이크를 밟는 상태에서는 밟지 않은 상태의 반대 값을 출력하게 된다. 브레이크 스위치 이상 경고등의 경우 P0504"A"/"B" 스위치 이상 출력한다. 현재 모든 자동차는 브레이크 스위치 역할이 매우 중요하다 하겠다.

그림 2-31은 스마트키 아웃사이드 핸들(Outside handle) 안테나회로를 나타내었다. 도어 아웃사이드 핸들은 LF 안테나가 장착되거나 터치 센서가 내장된 타입도 있다. 여기서는 안테나 타입을 설명하고자 한다. 아웃사이드 핸들의 패시브 도어 록/언록 버튼스위치는 푸쉬 리턴 타입의 토글스위치이며 버튼을 누르고 있다면 접점이 붙는 구조로 되어 있다.

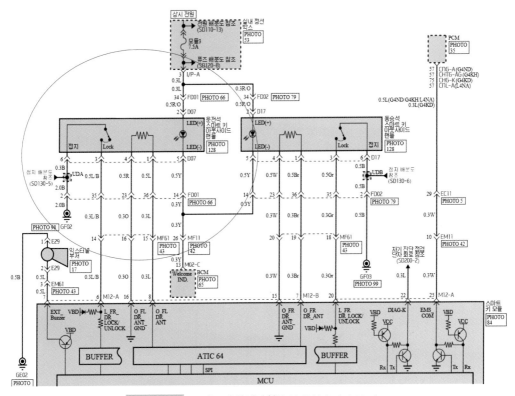

그림 2-31 스마트키 안테나회로 (출처:현대, 기아 GSW)

작업 현장에서는 아웃사이드 핸들은 주로 수분 유입에 의한 고장이 많으며 특히 겨울철 수분 유입으로 토글스위치(패시브 도어록 언록 버튼)가 얼어 오작동 되는 사례가 많다. 이 경우 스마트키 모듈에 진단 장비를 활용하여 토글스위치의 ON/OFF를 하면서 데이터 변화를 보는 것이 좋다. 따라서 운전석 도어 아웃사이드 핸들에 장착된 패시브 도어록 스위치와 LF 안테나의 신호 입력을 점검한 후 기록하여 정비하는 데 있어 도움이 되길 바란다.

스마트키 유닛의 고장 코드 중 DTC(B1602 CAN 에러)는 CAN HIGH는 전압이 0V 감지하고 접지 측으로 쇼트되어 있는 것을 말한다. B+V 검출 시 배터리 전원이 쇼트되어 발생한 고장이다. CAN LOW의 경우도 위와 동일하다. 그럼 이것의 고장 검출 조건은 약 2초 동안 이러한 고장이 지속될 경우 DTC가 검출된다. 참고하길 바란다.

그림 2-32는 아웃사이드 핸들(Outside handle)과 회로를 나타내었다. LF 안테나에서 약 125㎑ 대역의 저주파 근거리 무선 데이터를 버튼 작동 시 송출한다.

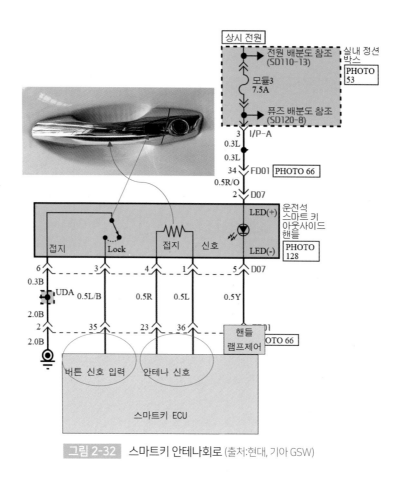

그림 2-32 스마트키 안테나회로 (출처:현대, 기아 GSW)

아웃사이드 핸들 스위치 버튼을 누르면 스마트키 ECU는 안테나 신호선을 통해 안테나를 구동하며 스마트키는 이 구동 주파수를 받아 RF 리시버로 전송한다. 이때 버튼 입력

02

배선 단선이나 커넥터 접속 불량의 경우 작동이 불가하다.

운전석 스마트키 아웃사이드 핸들의 패시브 도어 록 스위치의 ON/OFF 여부를 판단하기 위해 스마트키 ECU는 그림 2-32의 D07 커넥터 3번 핀 단자로 12V를 출력하고 도어 아웃사이드 핸들 패시브 도어 록/언록 스위치 ON 하면 0V로 전압이 떨어진다. 비로서 스마트키 모듈은 스위치가 ON 된 것으로 판단한다. 스마트키 모듈은 해당 아웃사이드 핸들 LF 안테나 구동하고 신호를 출력한다.

그림 2-32의 LF 안테나 구동 출력은 D07 1번 핀 단자 배선으로 일정 주파수를 가진 아날로그(analogue) 펄스(pulse) 파형이 출력된다. 결국 스마트키 모듈에서 진단 장비를 이용하여 버튼 신호가 정상적으로 입력되는지 확인하는 것이 중요하다. 최근 운전석과 동승석 아웃사이드 안테나 위치가 기존 자동차는 도어 핸들에 장착되었으나 디지털 키가 장착되면서 도어 핸들에는 NFC(Near Field Communication) 비접촉식 통신 기술이 적용되었다. 모듈과 안테나가 적용되고 도어핸들 아웃사이드 안테나는 도어 모듈 내부에 적용되었다. 아웃 핸들에 적용되었던 토글스위치는 삭제되고 정전식 스위치가 적용되어 도어록을 작동할 때 사용되어 진다. 도어 언록 시는 터치센서가 적용되어 아웃사이드 핸들에 손을 넣으면 이를 감지해 도어를 언록 시킨다. (최근 자동차는 버튼 삭제)

이 키의 경우 실내에 스마트키가 있다면 디지털 키로 도어를 록 시키면 잠기지 않지만 반대로 실내 무선 충전기 위 NFC 안테나에 디지털 키가 놓인 상태에서 스마트키로 전 도어(DOOR)를 록(LOCK) 하면 도어록이 실행된다. 그림은 RF 리시버를 나타낸다.

그림 3-33   RF 리시버

다음은 RF 리시버로 외부 수신기를 설명하고자 한다. 아웃사이드 핸들 안테나를 구동하여 스마트키 자신의 고유 ID 정보를 실내에 전송해야 하는 데 사용한다. 자동차 외부에서 수신된 스마트키 정보를 버튼을 누른 안테나 구동 신호와 스마트키 리모컨 작동신호 RF 무선 통신을 이용해 전송된 ID 정보를 수신하여 스마트키 제어 모듈로 전송하는데 이때 실내에 설치된 배선 한 가닥으로 전송된다. (RF-COM 시리얼 통신라인)

최근에는 외부 수신기가 스마트키 모듈에 내장되며 모듈 내부 PCB 기판에 내장되어 있다. 따라서 분리형과 일체형으로 나뉜다. 여기서 중요 포인트는 RF 리시버 고장 시 스마트키 리모컨, 트렁크 오픈, 키레스 엔트리(Keyless entry) 기능, 시동 등 모든 제어가 되지 않는다. 단 스마트키의 기계적인 키를 이용하여 도어를 열고 자동차 안으로 들어가 스마트키를 스마트키 홀더에 삽입하거나 스마트키를 들고 시동 버튼에 터치하여 직접 시동을 거는 방법이 있다.

최근 홀더가 없는 타입에서 스마트키 앞쪽 전면부가 앞쪽으로 향하도록 하고 스마트키 자체를 가지고 엔진 스타트 스탑(Engine start stop) 버튼(ESSB)을 직접 눌러 시동을 가능하게 하였다.

이때 조건은 브레이크를 밟은 상태에서 시동과 관련된 회로 및 단품의 문제가 없어야 시동이 된다. 예를 들어 전기자동차 경우 배터리 방전이나 고전압 배터리가 문제 되었다면 시동이 불가한 것이다.

그림 2-34는 RF 리시버(Receiver)와 회로를 나타내었다. 최근에는 스마트키 ECU 내부로 삽입되었다.

RF 리시버는 접지, 전원, 데이터 배선으로 구분되며 데이터 송/수신으로 시리얼 통신라인으로 구성되었으며 이 시리얼 통신라인 배선 단선이나 접촉 상태가 불량하면 리모컨 작동이 불가하다. 또한, 전원과 접지가 불량하여도 동일 증상이 나타난다. RF 리시버는 스마트키에서는 중간 인터페이스 역할을 하며 RF 리시버 고장 시는 KEY/ON 시 계기판 이모빌라이져(Immobilizer) 램프가 점등되지 않는다. 이램프의 점등 유/무로 어디까지 정상인지 가늠하는 잣대가 된다. RF 리시버는 배터리 전원 공급, 접지 그리고 스마트키 모듈과 연결되어 있다.

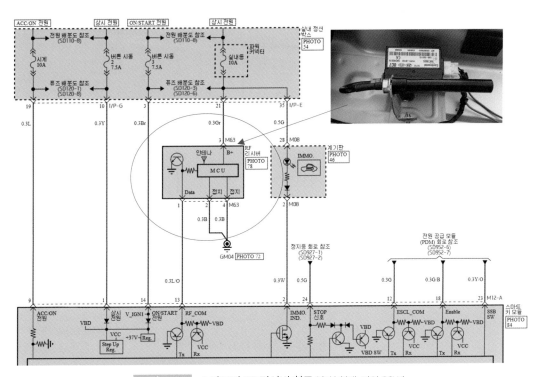

그림 2-34   스마트키 RF 리시버 회로 (출처:현대, 기아 GSW)

단순한 제어 회로를 가지고 있다. 스마트키 시스템은 자동차 전원을 OFF 하더라도 스마트키 버튼으로 도어를 열거나 소지만으로 운전석 도어 아웃사이드 핸들 버튼을 누르면 도어를 열거나 닫을 수 있어야 한다. 하여 배터리 전원이 상시 공급되는 구조이다. RF 리시버가 고장 나면 스마트키 리모컨과 시동, 패시브 도어 록/언록/트렁크 오픈 기능 등이 모두가 작동되지 못한다. 그러나 림폼 시동은 가능하다. 최근 RF 리시버가 SMK 모듈에 내장되어 출시되는 차종이 있으니 회로를 분석하여 정비하길 바란다.

그림 2-35는 RF 리시버 M63 커넥터 1번 핀의 데이터가 스마트키 모듈(Smart key module)로 입력되는데 스마트키 모듈과 데이터 송/수신은 시리얼 통신라인으로 스마트키 모듈에서 12V 전압이 나오며 송/수신이 이루어지지 않을 때는 12V 전압이 그대로 유지한다. 여기서 정비에 도움이 되는 사항은 바로 이 12V 전압이 어디에서 나오냐는 결론이다. 결국 배선의 상태와 스마트키 모듈의 상태를 직, 간접으로 알 수 있는 내용이다.

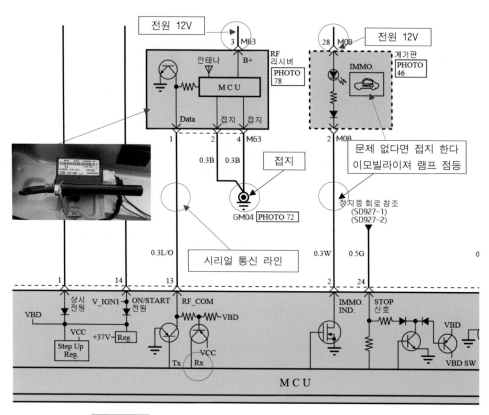

그림 2-35 시리얼 통신라인 RF 리시버 회로 (출처:현대, 기아 GSW)

또한 진단 장비를 통하여 RF 리시버와 SMK(Smart key module) 모듈 간의 시리얼 상태 체크를 실시하여 수신기인 RF 리시버와 SMK 모듈 간의 통신 상태를 확인할 수 있어야 한다. 데이터 프레임 참조하여 정비 시 파형 측정으로 마무리해야 한다.

정비사는 정상적인 RF 리시버 전원 공급 10A 퓨즈를 단선시키고 고장 현상을 추론해보고 실제 자동차에서 나타나는 증상을 확인하여 기재하는 것이 중요하다 하겠다. RF 리시버는 리모컨 버튼 신호와 스마트키 ID 정보를 받으면 12V의 전압을 ON/OFF 하여 접지시키는 방법으로 SMK 모듈 내부의 MCU의 Rx(Receiver) 라인을 통해 기존에 등록된 ID 정보를 SMK 모듈에게 전송한다.

이때 내부 TR(Transistor, TR)이 고장 나거나 내부 저항이 단선되면 패시브 엔트리 시동 및 리모컨 작동으로 제어하는 자동차 도어는 작동할 수 없게 된다.

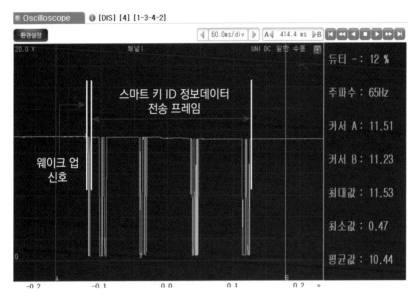

Oscilloscope [DIS] [4] [1-3-4-2]

환경설정   60.0ms/div   A 414.4 ms B

20.0 V   채널I   UNI DC 일반 수동

스마트 키 ID 정보데이터
전송 프레임

웨이크 업
신호

듀티 - : 12 %

주파수 : 65Hz

커서 A : 11.51

커서 B : 11.23

최대값 : 11.53

최소값 : 0.47

평균값 : 10.44

-0.2   -0.1   0.0   0.1   0.2 s

그림 2-36 리모컨 작동 시 RF 리시버 데이터 프레임

RF 리시버는 전자에 설명처럼 리모컨의 버튼 신호, 스마트키 ID 정보를 수신할 경우 12V 전압을 주기적으로 접지시키는 디지털 변조 전압을 스마트키 모듈 내부의 MCU의 Rx 라인을 통해 데이터를 수신하게 된다. 이때 RF 리시버는 암호 해독 능력이 없으며 스마트키 모듈의 MCU에서 암호 해독 후 다음 명령을 내리게 된다.

스마트키 ECU는 바디 CAN 통신을 통해 전원 이동 명령을 전송(PDM)하고 바디 CAN 통신을 통해 패시브 록/언록 명령을 IPM(BCM)으로 전송한다. 시리얼 통신을 통해 인증 정보. 송/수신 엔진 ECU와 정보를 교류한다. 스마트키 ECU는 안테나 구동과 스마트키 인증, 시리얼 통신을 통해 ESCL이 장착된 차량의 경우는 Lock/ Unlock 명령을 전송 ESCL을 작동시킨다. 또한 자동차 진단 장비로 K-라인 통신을 통해 고장진단 지원해 준다.

다음은 스마트키 참고 사항으로 버튼 시동 시스템 비상시 시동 OFF 방법에 대하여 알아보겠다. 버튼 시동 방식에서 주행 중 비상시는 주행 중 화재 발생 시 시동을 끌 필요가 있을 경우 시동 OFF 방법이다. 그전에 스마트키 작동 블록도를 보면 이해가 작동 과정을 이해할 것으로 생각된다.

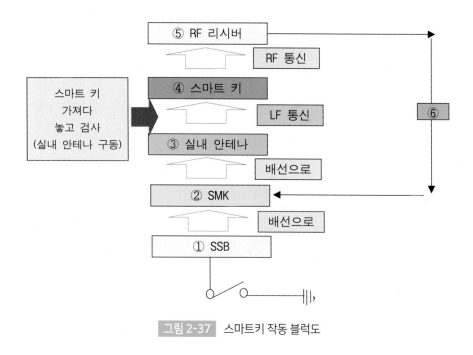

그림 2-37 스마트키 작동 블럭도

비상시 외에 주행 시 버튼을 조작하면 안전사고 발생할 가능성이 있으며 반드시 비상시에만 사용해야 한다. 차량 취급 설명서 주의/경고 엔진 시동 또는 전원을 완전히 끄기 위해서는 차량 정지 상태에서만 가능하다. 단 비상시 주행 중에 시동을 끌 필요가 있을 때 시동 버튼을 2~3초 길게 누르거나 버튼을 3회 연속 빠르게 누르면 시동이 꺼지면서 "ACC"상태로 전환된다.

주행 상태에서 재시동 시는 N(중립) 레인지에서 브레이크를 밟지 않고 시동 버튼만 눌러 재시동이 가능하다. 주행 중 속도는 5Km/h 이상에서 전원이 ACC 이후 약 30초간 브레이크를 밟지 않고 "N" 단에서 버튼을 누른다. 변속 단 D-레인지나 R- 레인지는 시동이 불가하다. 자. 그럼 스마트키 시스템을 자동차 진단 장비를 이용한 자기 진단을 수행하여 차량 내의 고장진단을 보다 효율적으로 진단, 점검해 보자. 먼저 고장의 유형으로는 여러 가지가 있겠지만 크게 세 가지 고장으로 설명하겠다.

고장의 유형으로는 여러 가지가 있겠지만 크게 세 가지 고장으로 설명하겠다.

첫째는 스마트키 입력부가 문제인 경우, 둘째는 스마트키 유닛 자체가 고장인 경우, 셋째는 스마트키 출력부가 문제인 경우인데 입력부는 스위치 상태를 진단하고 스마트키 유닛은 통신 이상을 진단하면 된다. 출력부는 안테나 및 스위치 출력을 검사해야 한다. 특히 입력 부분의 스위치 진단기능으로는 진단 장비를 가지고 입출력 모니터링을 점검하면 된다.

스위치 진단기능으로는 진단 장비를 가지고 입출력 모니터링을 점검하면 된다. 스마트키 유닛을 선택하고 Hi-DS, GDS의 센서 데이터에 진입 후 유닛으로 입력되는 진단 상태를 확인하여 자신의 현재 스위치 상태를 진단 장비로 확인한다. 예를 들어 센서 데이터에서 운전석(FL) 버튼/ON 된 경우 운전석 도어 핸들 푸쉬 버튼을 누른 상태라는 것이다. 만약 자기 진단 시 통신 이상 진단이 발생하면 그 부분을 확인하면 된다. (배선 핀의 상태) 예를 들어 B1602-CAN 에러 상태는 현재 고장과 과거 고장으로 나뉜다.

안테나 확인 기능을 알아보고자 진단 장비를 연결하고 스마트키를 안테나 근처에 가져다 놓고 안테나 진단 장비 구동/모드에 들어가 해당 안테나를 구동하면 스마트키의 LED가 깜박이면 해당 안테나와 스마트키의 수신부는 정상이라고 할 수 있다. (또는 진단 장비에서 통신 실패/성공)

그럼 정상적 구동이 실패한 경우인데 이는 먼저 스마트키 배터리의 전압을 확인한다. (여기서 안테나 구동의 과정을 학습하고 어디까지 정상이고 어디 이후 불량일 것인지. 유추가 가능하다.)

스마트키에서 구동 안테나 부분은 여러 안테나가 있는데 먼저 실내 안테나 1, 실내 안테나 2, 트렁크 안테나, 범퍼 안테나, 운전석 도어 핸들 안테나, 조수석 도어 핸들 안테나이다.

진단 장비 항목 중 부가 정보에 ECU(Electric control unit) 사양 정보, ID 등록의 중립화 모드, SMK 상태 정보, FOB 키 상태 정보가 있고 검사 및 시험 모드에 시리얼 통신 라인 체크와 안테나 상태 체크 기능이 있다. 이것을 활용하면 빠른 진단이 된다. 우리 학생들은 이 부분을 학습하길 바란다.

먼저 시리얼 통신라인 체크는 수신기 근처에 스마트키를 가져다 놓고 키 탈거 및 IG/OFF 상태에서 확인하는 모드이다. 결국, 이 시험 모드는 어디에서 어디까지가 문제가 된 것이냐에 따라 수신기 통신라인 체크로 빨리 판정할 수 있다.

안테나 상태 체크는 전자에서 말 한 여러 안테나를 진단 장비를 통하여 강제 구동하여 알아보는 과정이다. 서비스 데이터에 FOB 키 상태 정보는 현재 키 상태가 NORMAL이고 버튼 상태는 LOCK 이다. 이 말은 정상적, 보통의 키이며 잠겨져 있다. 라는 뜻이 된다.

SMK(Smart key ECU) 상태 정보는 키는 2개이며 상태는 LEARNT 학습된 키를 의미한다. 중립화 모드는 ECM(Electric Control Management)과 SMK를 중립화하는 모드이다. 이때는 고유 암호화된 핀 코드 6자리를 입력하고 확인하면 중립화가 된다. 이 모드는 SMK, ECM을 교환하고 신규 재등록할 때 사용한다.

스마트키 등록 스마트키 코드 등록 방법은 먼저 GDS/스캐너/HI-DS 진단 장비를 연결하고 스마트키 등록 시스템에서 스마트키 등록 메뉴로 진입해 ENTER를 누른다. 스마트키 등록 화면이 표출되며 조건은 이그니션 OFF이다. 등록 키를 준비하고 준비되면 OK 버튼을 누른다.

스마트키 등록에서 기존 키 상태 LEARNT가 표출되고 핀 코드(Pin Code) 입력 창이 나타난다. 핀 코드를 입력하고 OK를 누른다. 이때 첫 번째 키가 학습되는데 키 등록을 위해 확인 버튼을 누른 후 5초 이내에 첫 번째 스마트키로 SSB(스타트 스탑 버튼) 버튼을 눌러야 한다.

그러면 첫 번째 키 등록 완료 두 번째 키 홀더에 삽입하거나 스마트키 홀더가 없는 타입은 SSB(스타트 스탑 버튼) 버튼을 눌러 두 번째 키 등록을 완료하면 된다. 키 학습이 끝나면 스마트키 등록 완료. 등록된 FOB 키의 개수는 2개로 표시된다. 간단히 스마트키 진단 기술 과정이 끝났다.

지금부터는 각 부품의 기능을 요약하고자 한다. 신형과 구형이 있으나 전반적인 내용을 전제로 하니 시비 걸지 않도록 부탁드린다. 스마트키 ECU는 전자에서 설명하였으니 접고 도어 아웃사이드 핸들을 설명하겠다. 도어 외부 영역에서 스마트키 감지 LF 안테나가 내장된다.

최근 아웃사이드 핸들 내부에 포켓 라이팅 램프 적용되었고 퍼들 램프 사이드 미러가 장착되었다. 패시브 도어 LOCK/UNLOCK을 할 수 있으며 최근 고가의 차량은 터치 센서가 추가로 장착된다.

범퍼 안테나는 트렁크 외부 영역의 스마트키를 감지 목적으로 사용되며 LF 안테나가 내장되어 있다. 클러스터 모듈은 바디 CAN과 파워트레인 CAN의 정보를 중계하는 게이트 역할을 하며 스마트키 & 버튼 시동 관련 경고등 및 경보 메시지를 표시하는 역할을 한다. 또한 실내 안테나 2개와 트렁크 안테나 1개는 스마트키가 실내 및 트렁크에 있는지 감지하는 역할을 한다.

외부 수신기는 리시버라고도 하며 스마트키 신호와 리모컨 신호를 수신하여 스마트키 ECU로 전송하는 역할을 한다. 전자에서 설명한 것과 같이 ESCL은 전자제어 스티어링 컬럼 록 장치로 스티어링 컬럼을 잠금/해제한다. 이때 잠금 해제가 되지 않는다면 전원이동이 되지 않아 시동이 불가하다. (ESCL이 있는 경우)

시동 버튼은 전원이동 및 엔진 시동을 걸기 위한 버튼이다. 스마트키 홀더는 스마트키가 어떠한 경우로 인증이 불가할 경우 림폼 시동을 위해 스마트키 홀더 삽입 이모빌라이저 통신 수행으로 시동이 가능한 조건을 만들었다. (홀더가 있는 경우)

PDM(전원 분배 모듈)은 스마트키 ECU의 신호를 수신받아 ACC/IG1/IG2/START 전원 공급 릴레이를 순차적으로 제어하여 필요한 전원을 공급한다. 이모빌라이저 통신 데이터 확인과 인증으로 ESCL 전원 공급을 하고 있다.

전원 분배 릴레이는 PDM의 전원 분배 제어용 릴레이 ACC, IG1, IG2, START 릴레이가 있다. 트렁크 리드 스위치는 트렁크 열림 제어를 위한 스위치 신호 입력을 SMK ECU로 입력된다.

외부 부저는 패시브 도어 LOCK/UNLOCK 시 확인 음 및 각종 경보음을 발생하는 역할을 한다. 엔진 ECU는 엔진의 상태 정보 시동/OFF 크랭킹/시동 ON/ LPI 램프 상태를 CAN으로 전송한다. 전기자동차는 EPCU로 각종 정보를 전송한다. 스마트키 ECU와 시동 허가 관련 정보. 송/수신하여 시리얼 통신으로 확인한다.

스마트키 ECU와 시동 허가 관련 정보. 송/수신하여 시리얼 통신으로 확인한다. 〈내용 추가〉마지막으로 자동차 진단 장비로 안테나 상태 체크를 하는 이유는 어디서부터 어디까지 문제가 되는지 확인하기 위함이며 스마트키 통신 상태를 유추하기 위함이다. 다음은 지금까지 학습한 내용을 토대로 과제로 Master 하자.

다음은 지금까지 학습한 내용을 과제로 Master 하자.

과제 1 진단 장비를 활용하여 해당 모듈의 데이터를 작성하시오.

항 목	파형 측정 통신 모듈 명	스위치 작동 시 파형 복사 붙이기	양/부 판정
운전석 패시브 도어록/언록 스위치			
동승석 패시브 도어록/언록 스위치			

 과제 2 진단 장비를 활용하여 해당 모듈의 데이터를 작성하시오.

항 목	진단장비 통신 모듈 명	센서 데이터 값		양/부 판정
		스위치 누름	스위치 누르지 않음	
운전석 패시브 도어록/언록 스위치				
동승석 패시브 도어록/언록 스위치				

과제 3 디지털 멀티테스터와 오실로스코프 진단 장비를 활용하여 해당 모듈의 데이터를 작성하시오.

항 목	점검 부위 및 핀 번호	점검 조건	스위치 상태	전압(V)	파형 붙이기
패시브 도어록 스위치		이그니션 OFF 아웃 사이드 핸들 커넥터 연결 상태	스위치 누름 (ON)		
			스위치 누르지 않음 (OFF)		

과제 4 스타트 스탑 버튼(Start Stop Button) 진단 장비를 이용하여 작성하시오.

항 목	진단장비 통신 모듈 명	센서 데이터 값		양/부 판정
		SSB 누름	SSB 누르지 않음	
시동 버튼1				
시동 버튼2				

과제 5 스타트 스탑 버튼(Start Stop Button) 진단 장비를 이용하여 작성하시오.

항 목	커넥터 핀 번호	점검 조건	스위치 동작	저항값 측정
시동 버튼1		이그니션 OFF & SSB 커넥터 탈거된 상태	SSB 누름	
			SSB 누르지 않음	
시동 버튼2			SSB 누름	
			SSB 누르지 않음	

 과제 6 주요 구성품별 요소를 설명하시오.

항 목	주요 구성품 요약
시동 버튼1	
시동 버튼2	
스마트키 홀더	
ESCL	
PDM	
전원분배릴레이	
스마트키 모듈	
클러스터 모듈	
외부 수신기	
도어 아웃사이드 핸들	
안테나	

과제 7 스마트키 인증을 통한 도어록/언록되는 과정을 순서에 입각하여 서술하시오.

순서	스마트키 인증을 통한 도어 록/언록 되는 과정 쓰시오. (Passive Door Lock/Un Lock)
1.	
23	
3.	
4.	
5.	
6.	
7.	
8.	
9.	
10.	
11.	

과제 8 스마트키 인증을 통한 운전자가 차량에 입실하여 시동이 걸리는 과정을 순서에 입각하여 서술하시오.

순서	스마트키 인증을 통한 엔진 시동 되는 과정 쓰시오. (Passive Engine Starter)
1.	
23	
3.	
4.	
5.	
6.	
7.	
8.	
9.	
10.	
11.	

과제 9 **디지털 멀티테스터와 오실로스코프 진단 장비를 활용하여 해당 모듈의 데이터를 작성하시오.**

측정 항목	커넥터 명칭 및 핀 번호	점검 시 조건	스위치 상태	파형 프린트 첨부
패시브 도어록 스위치		이그니션 OFF 하고 아웃 사이드 핸들 커넥터 연결 상태	파형 설명	
			스위치 누름	
			파형 설명	
			스위치 누르지 않음	

냉난방 송풍 시트
진단 실무

제3장

냉난방 송풍 시트 진단 실무

제3장 냉난방 송풍 시트 진단 실무

　냉난방 시트(Seat)는 최근 적용된 시스템으로 모든 자동차에 적용된다. 냉난방 시트의 작동 개요를 알고 구성부품을 설명하고자 한다.

　그동안 현장에서 시트 고장은 대부분 운행 중 소음으로 교환을 하거나 시트 피복 벗겨짐으로 내구성 문제가 주로 많았다. 최근 시트는 여름에는 차가운 시트로 겨울에는 따뜻한 시트로 운전의 쾌적함을 추구하고자 냉난방 시트로 변천(變遷)하고 있다. 더불어 졸음운전으로 운전자의 안전을 위해 진동이 되는 시트로 발전하고 있다.

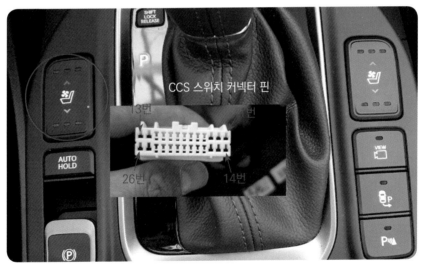

그림 3-1 CCS 커넥터 스위치 위치 핀 배열

　먼저 시트 난방은 쿠션 내부에 열선을 설치하여 이것을 가열하고 따뜻함을 유지하는 다단 조절 시스템이다. 과거 일부 차종에서는 시트 열선을 틀면 일정 시간(30분) 이후 온도센서에 의해 ON/OFF 되는 시스템이었으나 최근에는 온도를 조절할 수 있는 시스템이다.

시트 열선 최대 사용 전류(A) 10A 정도이다. 구성품으로는 냉난방 송풍 시트(CCS: Climate Control Seat) CCS 컨트롤 유닛, 온도 센서, CCS 스위치(Switch), 난방 열선 시트 등받이. 시트 열선 쿠션, 송풍 냉방 등받이 패드, 송풍 냉방 패드 쿠션, 시트 블로워 모터 등으로 구성된다.

냉난방 송풍 조절 스위치는 차종에 따라 다르나 시트 열선 스위치와 송풍 스위치가 일체형이며 1단에서 3단 제어가 이루어진다.

스위치는 로터리 타입의 가변저항 타입과 푸쉬 리턴 타입으로 두 가지로 요약된다. 저자(著者)가 여기서 다룰 내용은 열선과 송풍이 각각 3단계로 선택 가능한 시스템으로 시작은 High(3단), Middle(2단), Low(1단), Off 순으로 변환하는 방식이다.

그림 3-2 CCS(Climate Control switch)

스위치를 누르면 회로에서 보는 것과 같이 전원 12V가 CCS 컨트롤 모듈로 입력된다. (11, 14번 커넥터) 구형의 경우 CCS 컨트롤 모듈(Module)은 해당 스위치 ON 신호가 입력된다. 시간과 횟수를 모니터링(Monitering)하여 열선 또는 송풍용 블로워 모터를 작동하게 하였다. 스위치를 길게 2초 이상 누를 경우 OFF 상태로 전환된다. 신형은 그림 3-3처럼 외부에서 12V 전원을 공급받아 난방과 냉방을 위아래로 구분하였다.

냉방의 경우 1단(Low)에서 3.6V 1단(Middle)에서 11.0V 1단(High)에서 11V가 OFF 시는 11.2V가 각각 측정된다. 그림 3-3처럼 단수별 측정하여 기록하였다. 점검에 있어 참고하였으면 한다. 그리고 차량 전원 ON 상태에서 CCS 스위치 커넥터 탈거하고 냉난방 High(3단), Middle(2단), Low(1단) 배선에서 각각 전압을 측정하면 약 0.4V가 측정된다.

이 전압은 정비하는 과정에서 매우 중요하다. 왜냐하면, 운전석 CCS 모듈의 이상 유/무와 관련 배선을 판정하는 기준이 된다. 특히 배선의 문제점을 알아내는 척도가 된다.

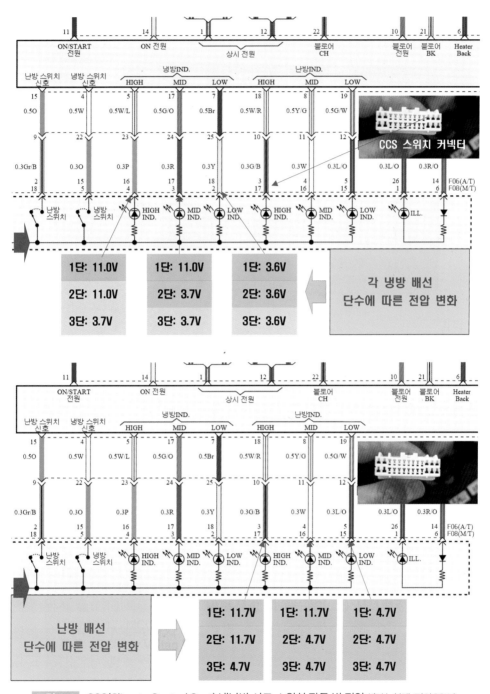

그림 3-3 CCS(Climate Control Seat) 냉난방 시트 스위치 작동 별 전압 (출처: 현대, 기아GSW)

그림 3-4는 CCS 스위치와 냉방 1단에서 Low와 Middle 배선을 측정하였다.

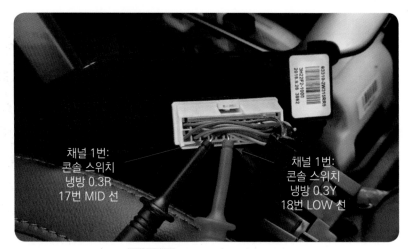

그림 3-4 CCS 스위치 파형 측정

필자는 각 단에서 제어 시 다른 단 수의 배선의 전압 변화를 알아보고 스위치 이상 유/무를 확인하는 여러 방안을 마련하고자 하였다. 파형 측정 시 알 수 있는 내용은 풀-다운 회로를 적용한 것이다.

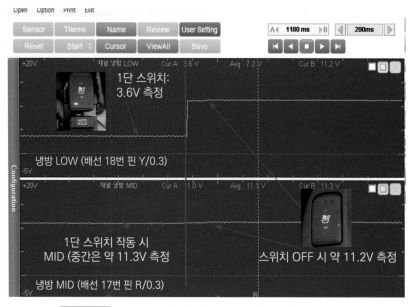

그림 3-5 CCS 스위치 1단 시 냉방 LOW와 MID 배선 작동 파형

외부에서 12V 전원이 스위치와 연결되고 신호 전압을 검출하여 배터리와 연결되면 12V(스위치 ON 상태) 배터리와 분리되어 0V(스위치 OFF 상태) 측정되는 것을 말한다. 그림 3-6은 풀 다운(Switch to Battery Voltage Pick up Pull- down)은 스마트자동차 실무 (진단실무) 편에서 설명하였으나 한 번 더 정리하고 가자. 이참에 ECU 회로 및 입, 출력 회로 말 나온 김에 다시 설명하고 가는 것이 어떤가. 자. 그림 가 보자.

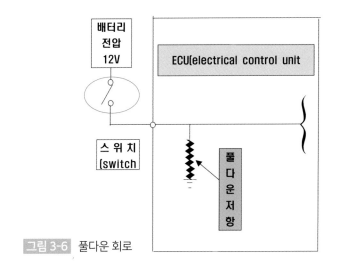

그림 3-6 풀다운 회로

그림 3-7 회로는 대표적인 온도 센서를 제어하는 회로를 나타내었다. 풀-업 5V를 걸고 수온 센서의 저항에 따른 전압을 CPU가 모니터링 (monitering)하여 CPU에 입력된 전압으로 현재 온도를 CPU가 알 수 있다. 이 전압값은 프로그램 소프트웨어 코딩 값에 의해 결정된다.

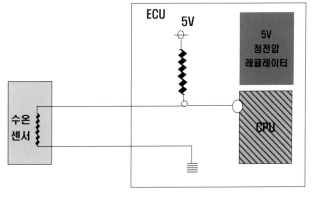

그림 3-7 서미스터를 이용한 온도 센서 입력회로

아래 그림은 가변저항을 이용한 회로로 스로틀 포지션(throttle position sensor) 센서가 대표적이다. 그러나 이것도 예전 방식이며 최근에 비접촉식 자기 센서를 이용한다.

풀-업 전압 5V를 센서로 출력하고 신호선이 현재 가변저항 위치에 따라 CPU로 입력되는 전압이 달라진다. 결국. 이 전압으로 엔진 가속과 감속 아이들 상태를 CPU가 알 수 있다. 따라서 현재 위치가 어디냐. 위치 센서로 주로 많이 사용된다.

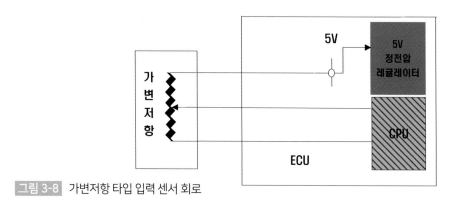

그림 3-8 가변저항 타입 입력 센서 회로

풀-업 저항을 이용한 스위치 정보에 대한 입력회로로 스위치가 접지와 연결된 구조이다. 스위치 ON 시 0V가 측정된다. OFF 시 5V가 측정되는 구조이다. 이것을 알았다면 ECU에서 나오는 전압은 5V라는 점을 우리는 착안해야 한다. 예를 들어 그림 3-9와 같이 스위치가 떨어져 있다면 5V가 측정되는 것이 정상이지만 스위치가 붙어 있으면 0V가 된다는 말이다. 스위치를 운전자가 ON 하여도 5V가 측정된다면 스위치의 끊김 상태나 접지 결속 상태라는 결론에 도달한다.

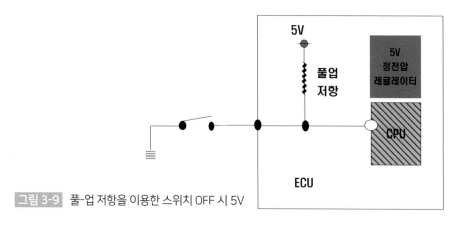

그림 3-9 풀-업 저항을 이용한 스위치 OFF 시 5V

다음은 스위치 회로가 전원과 연결되어 스위치 OFF 시 제어 측 0V이며 스위치 ON 시 12V 전압이 CPU로 입력되는 구조이다. 결국, 스위치를 ON 해서 12V가 측정된다면 스위치는 정상이고 주변 회로나 내부 풀다운 저항이 문제가 될 수 있는 것이다. 따라서 ECU를 교환해야 하는 상황이 될 수 있다.

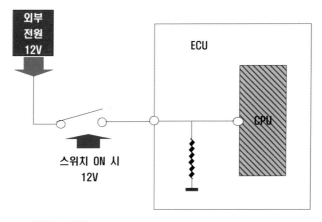

그림 3-10 풀다운 저항을 이용한 스위치 회로 적용

아래 그림은 홀소자 방식의 입력 센서 회로로 주로 홀 방식의 CKP(Crankshaft Position Sensor), CMP(Chamshft Position Sensor) 센서에 적용하며 엔진 회전수 위치를 감지하는 회로에 사용된다. 또한, 자동변속기 입력축/출력축 속도 센서에도 사용되고 있다. 주로 회전수 검출용으로 사용된다.

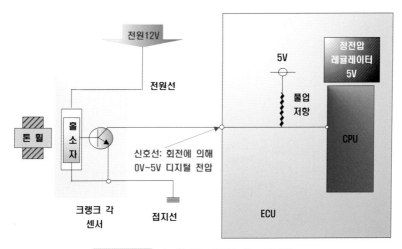

그림 3-11 홀 센서를 이용한 대표 입력회로

다음은 ECU(Electronic Control Unit) 제어를 통한 릴레이 회로를 그렸다. 자동차에서는 여러 회로를 응용하여 사용되는데 특히 예열플러그, 연료펌프, 메인 릴레이 구동 회로에 이와 같은 구동 로직을 갖는다.

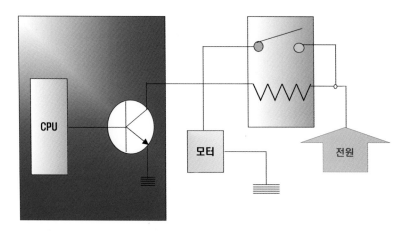

그림 3-12 릴레이를 제어하기 위한 제어 회로

자동차 ECU는 전자제어 시스템으로 정밀한 제어를 위해 듀티(Duty) 제어를 한다. 따라서 ECU 접지 제어를 ON/OFF 하여 솔레노이드 밸브에 흐르는 전류를 단속하고 전기 회로에서 전류가 흐르는 시간 동안 부하는 작동함으로 ECU는 이 전류로 솔레노이드 밸브 작동 위치를 제어할 수 있다.

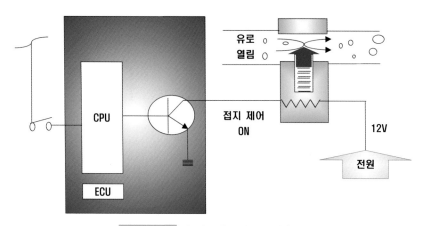

그림 3-13 솔레노이드 밸브 제어 회로

ECU의 듀티가 50%라 함은 그림 3-14처럼 작동 사이클에서 전류가 흐르는 시간을 1초로 보고 이것을 100% 기준으로 ECU가 접지하는 시간이며 전류가 흐르는 시간은 항상 ON 한 경우인데 1초 동안에 그 절반을 차지하는 시간 바로 0.5초가 된다.

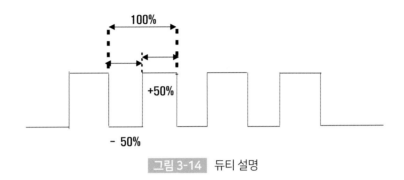

그림 3-14 듀티 설명

그러니 전류의 흐름에서 - 듀티로 부하가 작동하는지 + 듀티로 작동하는지는 회로를 분석해야 한다. 여기서는 - 듀티 50%가 작동 듀티이며 기본 릴레이 제어와 달리 1초에 수십 회 이상을 작동시킬 수 있다는 장점이 있다. 자동차 대표적 제어 회로로 EGR, 공회전 속도 조절 밸브, 자동변속기 압력 솔레노이드 밸브, 스티어링 기어의 EPS 솔레노이드 밸브, 퍼지 컨트롤 밸브 등 트랜지스터(TR)를 ON/OFF 하여 제어한다.

그림 3-15에서 ECU 접지 제어 시 작동 듀티로 솔레노이드 밸브에 전류가 흐르면 솔레노이드 밸브는 자화되어 니들 밸브는 아래로 내려온다.

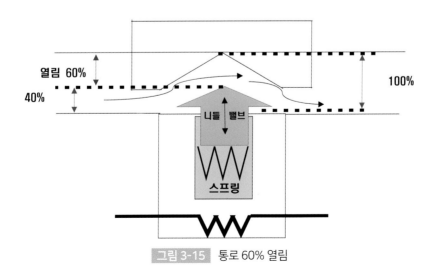

그림 3-15 통로 60% 열림

현재 자동차에서 주로 사용되고 있는 퍼지 컨트롤 솔레노이드 밸브(PCSV) 예를 들면 약 20㎐로 듀티가 50:50으로 퍼지 컨트롤 제어 시간이 여유 있고 듀티 제어하는 동안 엔진 공회전 상태에서 작은 작동 소음("띡띡띡"소음)을 들을 수 있다.

사실 이 소리는 고장이 아닌데 고객에게는 좀 성가신 소리이기도 하다. 신차 정비 시 퍼지 컨트롤 솔레이드 밸브(Purge Control Solenoid Valve) 소음으로 고객 불만 건이 종종 발생한다. 그러나 최근에는 ECU 작동 주파수를 높여 공회전 속도 조절 밸브의 경우 약 100㎐로 제어해 실제 밸브가 열려있는 작동 위치에 고정되어 "윙" 하는 진동 음이 들린다. 자동차 고유진동에 묻혀 소음이 들리지 않고 작은 제어에 따른 진동에 더 가깝다. 과거보다 좀 더 개선된 제조사의 의지인 듯하다.

다시 말하면 ON/OFF 시간이 길면 작동 구간과 비작동 구간이 확연히 알 수 있으나 주파수와 시간을 제어함에 따라 열리는 구간을 제어할 수 있다.

만약, 10㎐로 제어하는 듀티가 ON이 60%이고 OFF가 40%이면 솔레노이드 밸브에 전류가 흐르는 시간이 느려 열림의 전류가 많고 열림 위치 60% 정도 되는 위치에서 미세하게 흔들리면서 그 위치에서 정지할 것이다. 독자는 제어 듀티를 이해하고 책을 읽어 주길 바란다. 현장에서 매우 중요하다. 많이 읽고 학습하길 바란다.

ECU 기본 입력회로와 출력 회로는 위와 같다. 간단히 설명하면 입력 인터페이스는 많은 입력 정보를 CPU 전송하기 위해 전압 신호를 감지하는 기능을 한다.

출력 인터페이스는 많은 입력 정보에 연산하고 부하를 제어한다. A/D 컨버터는 CPU는 0과 1 이 두 가지 부호만을 인식하여 아날로그 신호의 경우 디지털 신호로 바꾸어 주는 기능을 한다. ROM의 경우는 우리가 주로 이야기하는 데이터 메모리가 들어 있는 곳이다. RAM은 데이터를 임시 저장하는 곳이다. CPU는 많은 정보에 대하여 연산 처리하고 그에 따른 제어를 관장한다. 따라서 사령관 기능을 한다. 정전압 레귤레이터는 자동차에서 시동이 걸리면 배터리 전압은 시동 중 각종 부하의 영향으로 변하게 되고 자동차 제어 ECU는 각종 많은 신호를 전압에 영향을 받지 않도록 정확한 판단을 위해 정전압 5V 전압을 사용하게 된다.

자동차에서 이 전원을 CPU 구동 전원으로 사용하며 주로 센서 전원이라고 말한다. 다음은 ECU 기본 구성을 나타내었다.

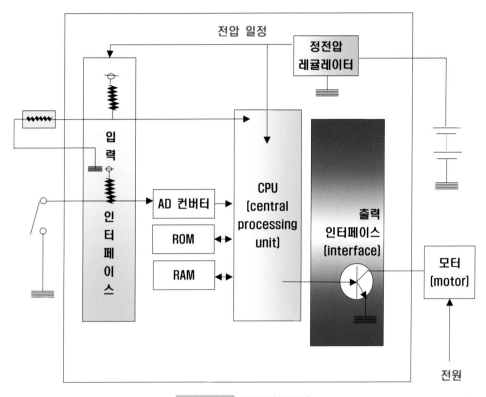

그림 3-16   ECU 기본 구성

NPN형 트랜지스터는 보통 베이스에 이미터보다 높은 0.6V 이상의 전압을 입력하면 베이스에서 이미터로 전류가 흐른다. 이때 TR은 ON 되어 컬렉터에서 이미터로 전류가 흐르게 되고 이것을 우리는 NPN형 트랜지스터라고 한다.

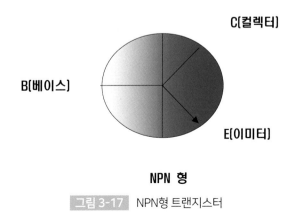

그림 3-17   NPN형 트랜지스터

PNP형 트랜지스터는 이미터에 베이스보다 높은 0.6V 이상의 전압이 입력되면 이미터에서 베이스로 전류가 흐른다. 그러면 TR은 ON 되어 이미터에서 컬렉터로 전류가 흐르고 트랜지스터는 스위칭 작용과 증폭 작용을 하는 소자로 자동차에 많이 사용된다. 자동차는 주로 NPN형을 많이 사용한다.

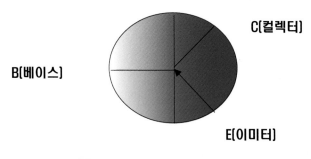

그림 3-18   PNP형 트랜지스터

그림은 트랜지스터 스위칭 작용을 나타낸다. 릴레이 회로와 비교하여 나타내었다. NPN형 TR을 이용하여 스위치가 ON 되면 베이스에서 이미터로 전류가 흐르고 동시에 컬렉터에서 이미터로 전류가 흘러 LED 램프(Light Emitting Diode Lamp)는 점등된다. 스위치를 차단하면 컬렉터 전류가 차단되고 LED 램프는 꺼진다.

우측 릴레이 회로는 스위치를 작동시키면 릴레이 코일에 소전류(小電流)가 흐르고 릴레이 코일은 전자석이 되어 릴레이 내부 스위치를 지나 큰 전류가 흘러 전구는 점등된다.

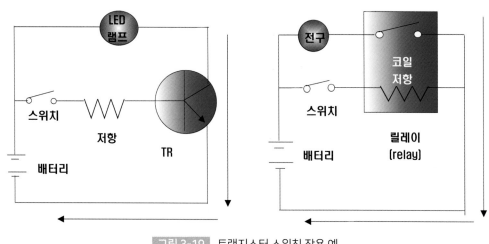

그림 3-19   트랜지스터 스위칭 작용 예

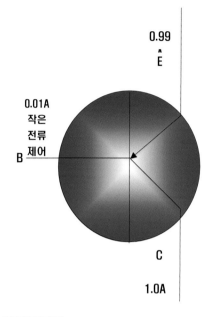

0.99
Ê

0.01A
작은
전류
제어
B

C

1.0A

그림 3-20 그림 3-20 트랜지스터 증폭 작용

TR의 전류 증폭 작용은 한계가 있으나 작은 베이스 전류를 이용하여 이보다 큰 컬렉터 전류를 흐르게 할 수 있고 이때 베이스 전류와 컬렉터 전류의 비율이 우리가 말하는 증폭률이다.

예를 들어 증폭률이 100인 TR에서 베이스 전류가 0.01A로 제어하면 최대 이미터로 1A 흐를 수 있다. 이것이 점화 파워 TR이다. (증폭률은 10~3,000 안에 있다.)

증폭률이 100인 TR에서 베이스 전류는 60mA 정도가 흘러야 한다. TR 베이스에 과도한 전류가 흐르면 TR은 손상이 발생한다. 하여 점화 불꽃을 제어하는 TR을 우리는 파워 TR 또는 다링톤 TR이라고 부른다.

다음 그림은 TR 1, 2를 이용하여 램프를 점등하는 회로이다. 스위치를 ON 하면 어떻게 되겠는가. 스위치를 ON 하면 TR 1은 ON 되고 전류는 TR 1의 컬렉터에서 이미터로 흐른다. 이전에 전류는 흐르기 좋은 쪽으로 흐른다고 이야기했다. 그럼 LED 램프는 점등되지 못한다.

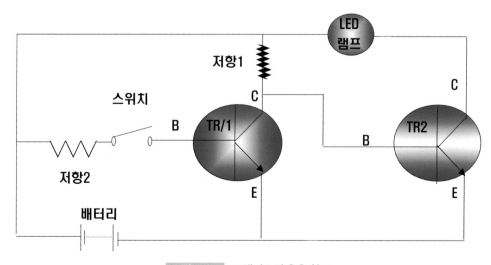

그림 3-21 트랜지스터 응용 회로

따라서 스위치 OFF 시 TR 2 베이스 측으로 0.6V 이상의 전압이 TR 2를 구동하여 LED 램프는 항상 점등된다. 이처럼 자동차 ECU 내부 회로에서 많이 사용되고 있고 이 내용은 자동차 정비 기능장 단골 문제로 출제되는 경향이 있다. 정비하는데 필요한 부분이어서 설명하였다.

전자제어 회로에서 ECU가 어떤 부하를 제어하기 위하여 대부분 이러한 형식의 TR을 통하여 제어하고 그 외에도 많은 소자가 있으나 시스템별 진단기술 항목에서 작동 조건이 있을 때 설명하기로 하겠다.

그럼 다시 본론으로 돌아가서 블로워 3단 제어 시 파형을 측정하였다.

다음 그림 3-22는 3단 제어 시 Low, Middle, High 배선을 측정한 전압 파형이다. 각각 약 3.6V가 측정되었다. 냉방 제어하지 않고 커넥터 연결 시 약 11.2V가 측정되었고 3단 스위치 작동 시 약 3.6V가 측정된다. CCS 모듈의 문제점과 배선상태를 알 수 있는 중요한 단서라고 할까 만약 배선과 CCS 모듈의 문제점이라면 약 11.2V가 측정되지 않을 것이다. 단순히 스위치 고장이라면 3단 작동 후 전압 파형 측정 시 약 3.6V가 측정되지 않을 것이다. 그로서 고장의 원인을 찾아낼 수 있다.

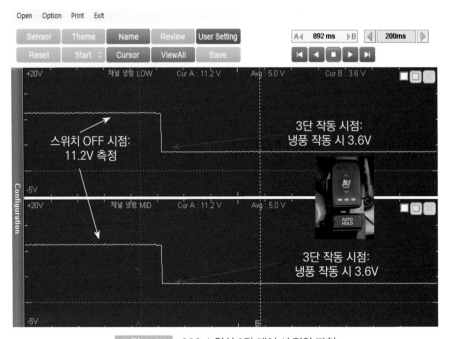

그림 3-22 CCS 스위치 3단 제어 시 전압 파형

사용자가 선택한 송풍 단에 맞는 모터 속도를 제어하기 위해 요즘 많이 사용되는 PWM(Pulse Width Modulation) 제어를 통해 블로워 모터 측으로 전원을 출력하여 제어한다. 결국. 모터의 속도를 고속과 저속으로 제어한다. 다음 그림 3-23은 파형을 측정할 때 주로 사용하는 탐침봉이다. 사용하려는 차량의 점검 위치 실내 외 조건에 따라 탐침봉을 구부려 사용하기도 하고, 있는 그대로 사용할 수 있다.

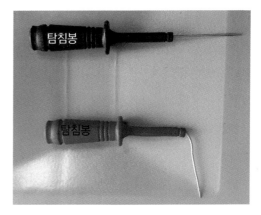

그림 3-23 오실로 스코프에 주로 사용되는 탐침봉(바늘)

배선 커넥터 뒷부분에 조심스럽게 삽입하고 삽입할 때 한 번에 넣지 않고 잘 들어가지 않으면 다시 빼서 그 옆부분을 조심스럽게 삽입하여 측정한다. 그렇지 않으면 배선의 손상이 되며 2차 배선 고장의 원인이 된다. 이런 과정 모두가 정비의 연속이다. 이런 과정은 정비사의 노련미와 진정성이 요구된다.

우리가 어떤 일을 할 때 대충대충 하면 언젠가는 탈이 나듯이 자동차는 항상 사람과 함께 이동하는 작은 공간이며 사람의 안전이 확보되어야 하는 작은 거실이기도 하다. 의사가 사람을 대하듯이 내 차와 내 가족이 이동하는 소중한 공간으로 다루어져야 할 것이다.

다음 그림 3-24는 PWM 제어 설명이다. 물론 스마트 자동차 진단기술 편에서 설명했지만, 다시 정리하고 가자.

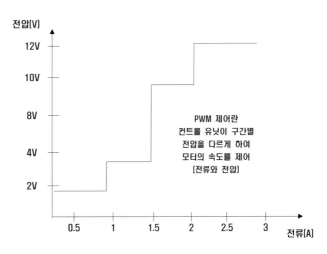

그림 3-24 PWM 제어 설명

냉방 블로워 모터는 시트 하단 쿠션 부에 장착되며 전류제어를 위해 CCS 모듈이 사용자가 선택한 송풍에 맞는 제어 블로워 모터 속도를 PWM 제어한다. 모듈에서 릴레이 제어를 하는 것이 아닌 모듈에서 2~3단계로 변환시킨다. 모터 내부에는 IC 소자가 있고 블로워 모터 배선은 블로워 모터 전원과 접지가 있으며 Micom에서 속도를 컨트롤 한다.

모듈에서 최대 속도 12V와 최소 전압 약 1V의 듀티 파형이 측정되며 운전자가 냉방제어 스위치를 어느 단으로 했는가에 따라 블로워 모터 스피드 컨트롤 하기 위한 전압이 바뀌어 내부 IC 소자에서 상시 대기 중인 전원 12V를 모터로 출력한다.

그림 3-25 냉난방 통풍 시트

다음은 CCS(CCS:Climate Control Seat) 송풍형 블로워 모터는 시트의 쿠션과 백에 각각 장착된다. 이것은 의자 내부에 위치함으로 보이지 않는다. 접지의 경우는 0V가 측정되며 모터 전원의 경우는 배터리 전압이 측정된다. 모터 제어 컨트롤 전압은 1단에서 약 5.9V, 2단에서는 약 7V, 그리고 3단 최고 속도에서는 8.6V가 측정되었다. 이 측정 전압은 정비사가 알아야 할 포인트(Point)가 된다.

우리는 제조사에서 만드는 자동차 시스템을 이해하고 해당 시스템 고장이 발생하면 정비 센터로 입고하게 되는데 입고된 자동차를 정비사는 정확하고 신속하게 처리 그에 응당한 진료비를 받는 서비스 일을 하는 직업이다. 이전에 말한 것과 같이 우리는 정비사이기 이전에 의사(醫師)이다. 각 시스템을 이해하고 공부하는 것을 게을리해서는 안 된다.

다음은 블로워 모터 스피드 컨트롤하는 전압을 운전석 CCS 모듈이 블로워 모터로 출력함에도 모터가 작동되지 않는다면 블로워 모터의 확률이 높고 이를 증명하기 위해 모터 단품 저항과 관련된 배선 점검은 당연하고 필연적이다.

자동차 정비 산업이 호황(好況)일 때 우리는 저마다 자동차 산업에 뛰어들어 정비업을 하고자 했다. 그러나 지금은 그때와는 다르다. 고객의 눈높이가 높아졌고 시스템 또한 과거보다 많이 발전하였다. 여기서 자동차 진료의 정확성이야말로 비전(Vision)이 있다. 또한 인테리어 관련 클리닝 사업에도 관심을 가질 때 이다.

그럼 본론으로 들어가서 블로워 모터(+)는 송풍 1단에서 약 64% 듀티가 측정되었고 송풍 2단에서는 86% 듀티로 3단에서 약 96% 듀티가 측정되었다. 측정을 통해 알 수 있는 내용은 모터 내부 IC 소자 운전석 CCS 모듈이 블로워 모터 컨트롤 전압을 가변한다. 이 전압을 모터 측으로 내보내는데 블로워 모터(+) 전압이 나오지 않는다면 운전석 CCS 모듈의 입/출력과 그에 해당하는 단품 문제일 것이다. 그리고 CCS 모듈에서 12V가 출력되는데 모터가 작동하지 않는다면 해당 모터의 핀 벌어짐과 배선 단선, 모터를 확인하여야 할 것이다.

그림 3-26은 암컷 핀의 헐거움을 검증하기 위해 현장에서 주로 사용하는 것이다. 사실 현장에서는 배선 암컷 핀의 헐거움으로 고장 나는 확률이 매우 높다. 정비하면서 어쩌다가 한번 발생하는 간헐적 고장의 대부분은 핀의 접촉/접속 불량이 많다. 하여 저자는 이

방법으로 핀 헐거움을 알아내고 사용하였으며 여러분들도 이 방법을 적극적으로 활용하였으면 한다. 이 방법은 매우 효과적이다.

저자는 배선 트러블(Trouble)에 의한 고장을 이 방법으로 많은 자동차 고장을 개선하였다. 문제가 되는 커넥터 연결 부분을 해당 핀의 수정이나 다른 배선으로 병렬 연결하여 처리하면 된다. 굳이 커넥터 핀을 수정할 필요가 없다는 뜻이다.

모든 온도 센서는 대부분 부 특성 서미스터 소자를 이용한다. 자동차의 엔진의 온도 측정하는 냉각 수온 센서, 에어컨의 핀 서모 센서, 시트 열선에도 이러한 센서 특성을 이용하여 온도를 계측한다.

모든 온도 센서는 NTC(Negative Temperature Coefficient) 부 특성 서미스터로 온도와 저항에 반비례하는 특성을 가졌다고 이전에 설명했다. 시트에 장착된 온도 센서도 마찬가지로 컨트롤(control) 유닛(Unit)은 보통 NTC 저항값이 약 280㏀ ±50㏀보다 높다면 센서 내부 단선으로 인식되고 약 600Ω 이하이면 단락으로 판정한다.

단선되면 열선 작동 시 약 90초 동안은 진단하지 않아 온도 센서 고장이라 하여도 이 짧은 시간 동안에는 열선 전원은 출력되며 약 90초 이후에는 열선 전원을 OFF 하니 참조하길 바란다. 이것 때문에 시트 컨트롤 유닛을 교환하는 사례가 많은데 전원이 나오다가 일정 시간 이후 나오지 않아 혹 컨트롤 유닛 내부가 맛이 간 것 아닌가 싶어 교환하는 사례가 종종 있다.

저자가 가끔 방언을 쓰는 것을 이해해 주길 바란다. 이런 표현이 때론 이해가 잘 가서 사용한다. 저자가 측정 핀을 만들어 주로 사용하는 방식인데 암컷의 커넥터 사이즈 별 눈으로 보는 것보다는 직접 커넥터 삽입하여 텐션(Tension)의 헐거움을 느끼는 것이 중요하다. 그렇다. 이것이 배선 핀의 헐거움을 쉽게 찾을 수 있다. 중요하다. 젓가락 문화를 가진 우리는 그 누구보다 훌륭하다.

커넥터의 헐거움에 있어 배선의 접속 불량이라면 고장 난 핀의 텐션 삽입력은 고장 나지 않은 텐션 핀과는 설명하지 않아도 충분한 차이를 확인할 수 있다. 다음 그림 3-26은 배선 핀 확인용 어댑터를 나타내었다.

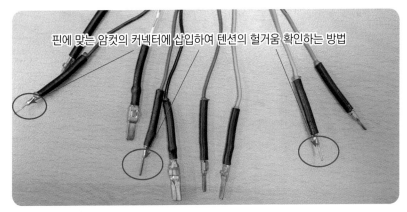

핀에 맞는 암컷의 커넥터에 삽입하여 텐션의 헐거움 확인하는 방법

그림 3-26 커넥터 헐거움 핀 확인(간헐적 접속 불량 및 지속적 불량)

진정한 명의가 되기 위해선 여러 가지 진단 방법을 적용하고 본인 스스로 과시하지 말고 겸손해야 한다. 남의 말을 들을 수 있어야 하고 공부해야 하며 연구해야 한다. 자기 것이 옳다고 과욕을 부려 배탈 나지 않도록 스스로 중용(中庸)의 자세를 가져야 한다. 오늘도 열심히 사는 그대를 으원합니다. 모두들 힘내길 바란다.

저자가 이 책을 쓰면서 군이 순서에 맞추어 기존 틀과 같은 공부하는 책처럼 책을 펴내면 따분한 부분이 많아 공부가 안되리라 생각되어 한 권의 소설책 읽어 내려가듯 저술하였다. 해당 시스템에 맞는 고장이 발생하면 각 장을 찾아 읽어보고 학습하길 바라는 마음이다. 고장 현상은 그때그때 마다 다를 수 있다. 그러나 고장 현상을 이해하는 것은 다르지 않다고 생각한다. 저자의 경험과 함께 축적된 내용을 습득하여 서로가 소통할 수 있다면 나의 책은 그 소임을 다했다고 생각한다.

자. 그럼 다음은 과제를 통하여 학습하길 바란다.

과제 1 다음 회로를 보고 냉난방 스위치 ON/OFF 시 전압을 측정하시오.

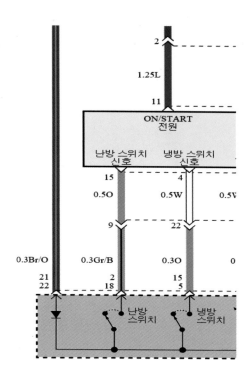

항 목	작동 시(V)	비작동 시(V)	양/부 판정(√)
난방 스위치			양/부
냉방 스위치			양/부

과제 2 **다음 회로를 보고 냉난방 스위치 1단~3단 전압을 측정하시오.**

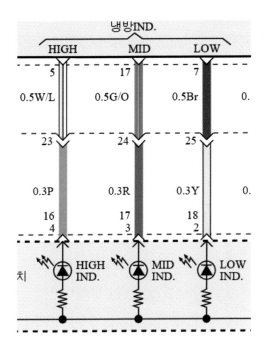

점검 커넥터/ 핀 번호	스위치 선택	점검 방법	측정값(V)	측정 듀티값(%)	양호/불량
	열선 1단				
	열선 2단				
	열선 3단				
	OFF	시동/ON			
	송풍 1단				
	송풍 2단				
	송풍 3단				

과제 3 다음 회로에서 CCS 스위치 커넥터를 탈거하고 각 단자에서 오실로스코프 전압 파형을 측정하시오. (조건은 OFF 상태에서 커넥터 탈거 시동 ON)

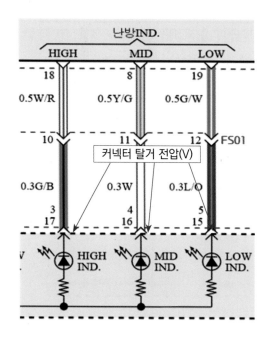

항목	커네터 탈거 전압(V)	비 고
LOW 선		
MID 선		
HIG 선		

전기자동차 배터리
진단 실무

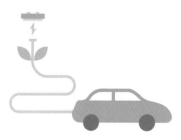

제4장

전기자동차 배터리 진단 실무

제4장 전기자동차 진단 실무

　학습에 앞서 전기자동차 시스템 작업 전 주의 사항에 대하여 먼저 설명하고자 한다. 전기 자동차는 고전압 배터리를 포함하고 있어 고전압 시스템과 차량을 잘못 건드릴 경우, 심각한 누전이나 감전 등의 사고로 이어질 수 있다. 그러므로 고전압 시스템 작업 전에는 반드시 아래 사항을 준수하도록 한다.

1. 고전압 시스템을 점검하거나 정비하기 전에 반드시 안전플러그를 분리하여 고전압을 차단하도록 한다.
2. 분리된 안전플러그는 타인에 의해 실수로 장착되는 것을 방지하기 위해 반드시 해당 담당자가 보관하도록 한다.
3. 금속성 물질은 고전압 단락을 유발하여 인명과 차량을 손상할 수 있어 작업 전에 반드시 몸에서 제거한다. (시계, 반지, 기타 금속성 물질)
4. 고전압 시스템 관련 작업 전에는 안전사고 예방을 위해 개인 보호 장비를 착용한다.
5. 보호 장비를 착용한 작업 담당자 이외에는 고전압 부품과 관련된 부분을 절대 만지지 못하도록 한다. 이를 방지하기 위해 작업과 연관되지 않는 고전압 시스템은 절연 덮개로 덮어놓는다.
6. 고전압 시스템 관련 작업 시 절연 공구를 사용한다.
7. 탈거된 고전압 부품은 누전을 예방하기 위해 절연 매트에 정리보관하도록 한다.
8. 고전압 단자 간 전압이 최소 30V 이하임을 확인한다.
9. 고전압계 부품 작업 시 고전압 위험 차량 표시를 설치하여 고전압 위험을 주지시킨다.

　전기자동차의 고전압 부품은 먼저 고전압계 와이어링과 커넥터는 오렌지색으로 무조건 고전압임을 명심해야 한다. 고전압계 부품에는 고전압 경고 라벨이 부착된다. 고전압계 부품으로는 고전압 배터리, 파워 릴레이 어셈블리, 고전압 정션 박스 어셈블리, 모터, 파워 케이블, BMS ECU, 인버터, LDC, 완속 충전기(OBC), 메인 릴레이, 프리 챠지 릴레이, 프리 챠지 레지스터, 배터리 전류 센서, 안전 플러그, 메인 퓨즈, 배터리 온도 센서, 부스 바, 충전 포트, 전동식 컴프레서, 전자식 파워 컨트롤 유닛

(EPCU), 고전압 히터, 고전압 히터 릴레이 등등이 있다. 이번 내용은 전기자동차 전반적인 내용을 기술하였고, 소설책처럼 가벼운 마음으로 읽으면서 습득할 수 있도록 기술하였다. 반복하여 읽고 학습하길 바란다. 다시 말하지만, 전기자동차 실습할 때는 안전에 주의해 작업해야 한다.

그럼 학습하기 전 전기자동차에 사용되는 용어를 살펴보자. 표 4-1은 전기자동차 용어이다.

〈표 4-1〉 전기 자동차 용어

약 어	영 문	우리말
AAF	Active Air Flap	액티브 에어 플랩
ACU	Air Bag Control Unit	에어백 컨트롤 유닛
AEB	Autonomous Emergency Braking	자동 긴급 제어
AVN	Audio Video Navigation	오디오 비디오 네비게이션
BCM	Body Control Module	바디 컨트롤 모듈
BSD	Blind Spot Detection	후 측방 감지
BCW	Blind Spot Collision Warning	후 측방 충돌 경보
BMS	Battery Management System	배터리 제어 시스템
BMU	Battery Management Unit	배터리 제어 장치
CDM	Charge Door Module	충전 도어 모듈
CLUM	Cluster Module	계기판
DTE	Distance to Empty	주행가능거리
EMS	Engine Management System	엔진 관리 시스템(엔진ECU)
ESC	Electronic Stability Control	자동차 자세 제어 장치
EXT AMP	Exterior Amplifier	외장 오디오 앰프
EPCU	Electric Power Control Unit	전기차 전력 제어 장치
EWP	Electric Water Pump	전동식 워터 펌프
FATC	Full Automatic Temperature Control	전자식 공조 온도 조절 장치
FCA	Forward Collision Avoidance Assist	전방 충돌 방지 보조

약 어	영 문	우리말
FPCM	Fuel PUMP Control Module	연료 펌프 컨트롤 모듈
HUD	Head Up Display	헤드업디스플레이
HV BOX	High Voltage Distribution Box	고전압 분배 박스
IGPM	Integrated Gateway Power Control Module	통합형 게이트 웨이 파워 컨트롤 모듈
IEB	Integrated Electronic Brake	통합형 전동 브레이크
LDWS	Lane Departure Warning System	차선 이탈 경보 시스템
LDW	Lane Departure Warning	차로 이탈 경고
LDC	Low Voltage DC-DC Converter	직류 변환 장치
LKAS	Lane Keeping Assist System	주행 조향 보조 시스템
LKA	Lane Keeping Assist	차로 이탈방지 보조
MTC	Manual Temperature Control	수동식 공조 온도 조절 장치
MDPS	Motor Driven Power Steering	모터 제어 파워 스티어링
MCU	Motor Control Unit	모터 제어기
OBC	On Board Charger	탑재형 배터리 충전기(자동차용)
OCS	Occupant Classification System	동승석 승객 구분장치
PRA	Power Relay Assembly	전력 차단 장치
RVM	Rear View Monitor	후방 모니터
SMK	Smart Key	스마트키 모듈
SBW	Shift - By - Wire	시프트 바이 와이어
SCU	SBW Control Unit	sbw 제어 유닛
TCU	Transmission Control Unit	변속기 컨트롤 유닛
VCU	Vehicle Control Unit	차량 통합 제어 유닛
VESS	Virtual Engine Sound System	가상 엔진 사운드 시스템
WPC	Wireless Power Charger	무선 충전 시스템
4WD	4 Wheel Drive	4륜 구동 시스템

먼저 전기자동차를 정비하는 데 있어 위험 표지판을 설치해야 하며 시계, 팔지, 반지, 등을 제거해야 한다. 보호 장비를 착용하고 절연 장갑이나 절연복을 입고 차량에서 고전압이 흐르는 오렌지 색상의 배선은 절대 만지지 말고 꼭 만지고자 할 때는 안전 플러그(Safety Plug)를 제거하고 약 5분 이후에 고전압이 흐르는 부품이나 장치를 측정하여 고전압 단자 전압이 30V 이하 인지 확인 후 점검해야 한다.

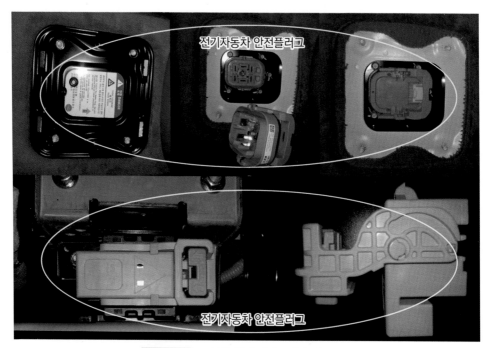

그림 4-1 고전압 차단 세이프티 플러그 모양

전기자동차 용어 관련 내용 정리하면 다음과 같다.

세이프티 플러그는 차종별 위치와 모양이 다르며 250A~400A 퓨즈가 내장되어 있다. 무엇보다 내부에 인터록 회로가 있으며 분리하고 장착할 경우 핀 내부 소손이 안 되도록 해서 장착해야 한다.

인터록 회로의 원리로는 제어기마다 걸려 있고 BMU(Battery Management Unit)를 예를 들면 BMU 인터록 단자에는 차종에 따라 12V, 또는 5V 풀-업(Pull- up) 전원 및 내부 접지를 걸고 있는 구조이다. 하여 고전압 케이블과 관련된 모든 커넥터는 인터록이 장착된다. 대표적으로 세이프티 플러그 체결 시 두 핀의 단자가 쇼트되어 12V, 또는 5V가 0V로 바뀌고 이에 따른 제어기(BMU)는 커넥터 체결이 정상으로 되었다고 판단한다.

전기 자동차는 충전과 관련된 내용이 중요함으로 천천히 소설을 읽어 내려가듯 학습하길 바란다. 고전압 장치에 인터록 장치가 연결되지 않으면 BMU(Battery Management Unit)에서 프리챠저 릴레이 어셈블리(PRA)를 OFF 하여 고전압을 차단하고 전기자동차 모터 주행을 하지 못한다. 주행하는 동안 고장 시는 차 속에 의한 현재 주행은 가능하나 정차 시 고전압을 차단한다.

최근 전기자동차가 급속 도로 증가함에 전기차의 고장 실무가 무엇보다 부각(浮刻)되고 있다. 전기자동차의 충전은 완속과 급속, 회생 제동에 의한 충전으로 분류된다. 완속의 경우는 220V 교류 전원을 사용하여 OBC(On Board Charger)를 통하여 배터리를 충전하는 방식이다. 완속 충전은 배터리 용량과 해당 차종에 따라 달라진다. 보통 고전압 용량 30kwh의 경우 4~5시간 소요된다. (차종마다 다름)

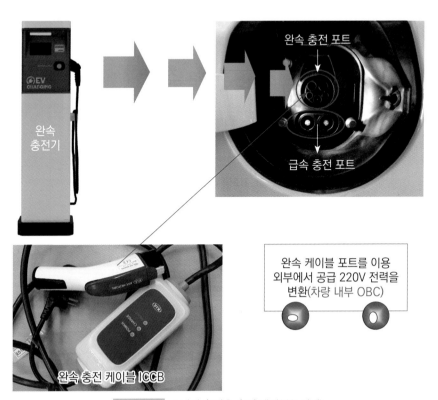

그림 4-2 1세대 휴대용 충전 케이블(1세대)

급속 충전의 경우 별도로 시·도에 설치된 스탠드를 사용하여 충전하는 방식으로 자동차 고전압 배터리를 직접 충전하는 방식이다. 전기 자동차 배터리 용량에 따라 다르나 30kw/h인 용량의 배터리의 경우 100kw 급 급속 충전기로 약 24분이 소요되며 50kw의 경우는 약 33분이 소요된다.

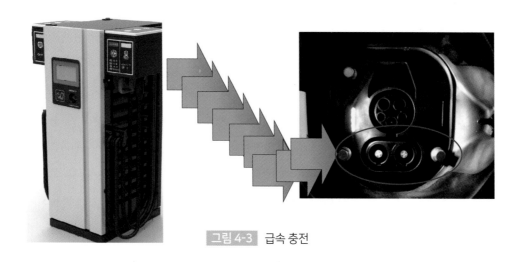

그림 4-3 급속 충전

급속 충전의 경우 다이렉트(Direct)로 고전압 배터리를 충전하기에 충전 시간이 빠르다 할 수 있다. 완속 충전처럼 OBC를 거치지 않고 AC를 DC로 변환하는 시간이 없기에 빠르다 할 수 있다.

그림 4-4 주요 부품의 제어기(1세대)

고전압 정션 블록은 고전압 전력을 분배하여 각 고전압이 필요한 곳의 전압을 연결하는 역할을 한다. (EPCU 측면 장착, Bus Bar와 퓨즈가 내장됨) 퓨즈의 경우 40A는 OBC, 30A는 전동식 콤프레서, 40A는 PTC 히터 퓨즈가 내장된다.

EPCU(Electronic Power Control Unit)는 인버터 역할을 하며 인버터 역할이라. 함은 직류 전력을 교류 전력으로 변환하여 모터를 제어하는 것을 말한다. 이곳에는 LDC(Low DC-DC Converter)가 있다. 고전압 배터리 전압을 차량 전장에 쓸 수 있도록 저 전압(12V)으로 변환하여 주는 장치이다. 자동차 실, 내외 전기장치에 이 전압을 사용한다.

VCU(Vehicle Control Unit)는 전기자동차의 다양한 제어를 위한 총괄적 사령관이다. 내연기관의 경우 차량 ECU라 할 수 있다. 보조 배터리는 기존 차량과 마찬가지로 방전되면 전기자동차 진입 모드(Mode)로 들어가지 않는다. (시동이 걸리지 않는다.)

이유는 제어기 최초 구동 전원으로 사용되기에 방전되면 현재 고전압 배터리 팩에서 제어 12V 전압을 공급받지 못한다. 그러기에 전원이동이 되지 못한다. 방전 시 기존 내연기관 점프하듯 배터리 점프 스타트해야 한다.

그림 4-5 전기 자동차 클러스터(1세대)

시동을 ON 하면 기존 내연기관의 시동에서 듣던 엔진 회전 소리는 들을 수 없으며 계기판에 상태 표시 준비(Ready)가 점등되면 전기차 진입 모드에 문제가 없다는 뜻이 된다. (고전압 계통 고장 구분 조건)

신호 입력 절차를 보면 먼저 브레이크 신호와 변속 레버 P 신호가 입력되고 스마트키 버튼 신호가 들어오면 BMU는 고전압 회로 정상이라는 신호를 VCU(Vehicle Control Unit)에 전송하고 스마트키 ECU는 K-Line 통신으로 이모빌라이저 인증 신호를 VCU로 전송한다. 그리고 동시에 스마트키 ECU는 시동 신호 출력을 하는데 12V 전원을 통하여 12V가 VCU로 입력되고 그 피드백 신호 12V는 스마트키 ECU로 입력된다.

만약 이 신호의 배선이 단선 및 접촉 불량이라면 스마트키 ECU는 시동 출력을 즉시 중단한다. 스마트키 ECU와 VCU는 파워 트레인 캔 통신으로 시동 출력 및 정지 요청을 한다. 인증 후 전원 이동하기 위해 릴레이 구동하고 계기판(클러스터)에 준비(Ready)라는 글자 점등으로 출발 가능하다는 문구를 출력한다. 만약 이 그림(준비 상태 표시)이 출력되지 않는다면 이 과정 어디인가가 문제가 되는 것이다. 명심하길 바란다.

그림 4-6 주요 부품 제어기 우측(1세대)

고전압 배터리에서 공급받은 전기에너지를 통하여 구동력을 발생하는데 전기자동차는 내연기관의 자동변속기나 수동 변속기가 장착되지 않고 모터의 회전수를 감속/토크 증대하는 장치가 장착된다. 따라서 변속기를 대신한 감속기가 장착된다.

신/구형에 따라 다르나 보닛을 열면 상단에 EPCU(인버터/LDC/VCU)가 장착되며 중간에 OBC가 있다. 그 아래 모터가 있으며 모터와 같이 체결된 감속기가 장착된다. 신형은 상단에 OBC가 있고 중간에 EPCU가 장착되며 그 밑에 모터와 감속기가 장착된다.

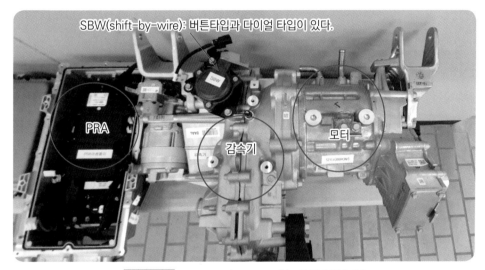

그림 4-7   Power Relay Assembly 와 감속기/모터

충전 방식에서는 급속 충전 포트에서 고전압 정션블럭 내부의 급속 충전 릴레이 (+), (-) 를 통해 PRA(Power Relay Assembly) 메인 릴레이 (+), (-) 를 거쳐 고전압 배터리가 충전된다.

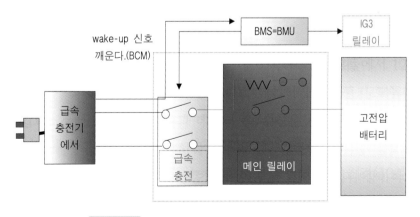

그림 4-8   급속 충전 전원공급 (출처:현대자동차 GSW)

AC 380V 급속 충전기에서 입력받아 DC 450~500V를 출력하여 고전압 배터리를 충전한다.

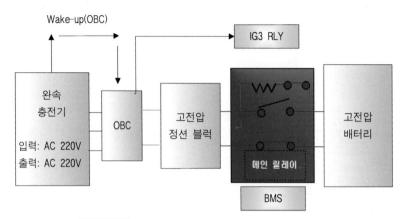

그림 4-9 **완속 충전 전원공급** (출처:현대자동차 GSW)

완속 충전의 경우는 완속 충전 포트에서 OBC를 거치고 고전압 정션 블록 전압 연결 후 PRA(메인 릴레이 +, -) 거쳐 고전압 배터리 충전을 하게 된다. 이때 완속 충전기 입력 전압 AC 220V는 그대로 OBC를 깨우며 교류를 직류로 변환하여 고전압 정션 블록을 거쳐 메인 릴레이를 통해 고전압을 충전한다. 완속 충전이 느려지는 원인은 교류를 직류로 변환하는 필터링 시간이 있기 때문이다.

차량 충전 방법으로는 IG SW /ON, OFF와 무관하게 배터리 충전이 가능하지만, Ready Mode 상태에서는 불가하다. 변속 레버는 P-레인지에서만 가능하고 충전 중 변속 위치 변경이 되지 않는다. 충전 상태에서 대시-보드 상단에 램프로 충전 상태를 알려주며 파란색 램프가 3단계로 진행된다.

충전 방법은 그림과 같이 순서대로 충전되고 중요한 것은 변속 레버가 P-레인지에서만 가능하다는 것을 기억하길 바란다.

그림 4-10 변속 레버 P 위치

그림 4-11 충전 도어 OPEN

그림 4-12 세대 충전 케이블 연결

그림 4-13 충전 램프 알림

최근 신형의 경우는 그림 4-15에서처럼 충전 AUTO 스위치가 있다. 이것은 자동차를 충전 중에 케이블 도난 사고를 방지 목적으로 신설되었다. 또한, 손상 방지 목적으로 충전 중 잠금장치가 작동되고 스위치를 작동하여 잠금 해제가 되게 하기도 한다. 먼저 버튼을 눌러 램프가 점등(Auto)되면 (스위치/ON) 충전 중에만 케이블이 잠기고 충전이 완료된 후는 자동으로 잠금 해제가 된다.

그림 4-14 충전 중 계기판 SOC(%)

그림 4-15 충전케이블 잠금 장치

램프가 소등 시(LOCK) 케이블 연결 상태에서 잠금이 이루어지고 케이블 제거 시 　는 다시 스위치를 누르거나 스마트키 리모컨이나 도어 스위치의 도어 Unlock을 해야 해제 된다.

　급속 충전의 경우는 잠금장치가 없으며 스위치 상태와 관계없이 충전 중에만 케이블이 잠긴다. 이는 급속 충전 커넥터 자체적으로 잠금 기능이 있고 충전 완료 후에는 자동으로 잠금이 해제된다.

　충전 도중 충전 중단 방법은 Door/Unlock 시 충전케이블 잠금 해제되고 충전 상태는 유지가 된다. 충전하는 중 충전케이블 잠금 해제 레버를 누르면 충전이 임시 중단되며 이 때 충전케이블을 탈거하지 않으면 30초 후 다시 잠기게 된다. 이것은 Auto Lock 버튼과 무관하다.

　충전 종료 버튼을 ON 하면 충전 해제 및 충전케이블 잠금 해제가 되는데 Auto Lock 버튼과 연동하여 작동한다. 신형의 경우 ICCB 케이블 뒷면에 버튼을 눌러 충전 전류를 선택할 수 있다.

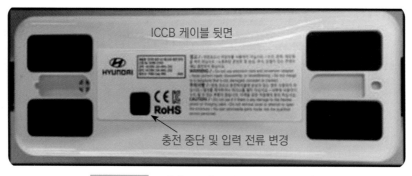

그림 4-16　2세대 ICCB(In Cable Control Box)

　입력 전류는 약 12A(충전전류 6A), 9A(충전전류 5A), 6A(충전전류 3A)로 사용할 수 있다. (가정용 전기 220V) 시중에 완속 충전 스탠드(EVCE:(Electric Vehicle Charging Equipment))의 경우 32A(충전 전류 16A), 28A(충전 전류 15A), 19A(충전 전류 10A)로 선택이 가능하다.

휴대용 충전케이블(별도 구매 사양) 사용은 충전소까지 이동이 어려운 경우에 주로 사용하는데 220V 콘센트에 연결하여 사용하는 충전기로 가정에서 주로 사용한다. 공공 주택 아파트 또는 공공건물에서 허락 없이 사용할 경우 도전으로 처벌받는다.

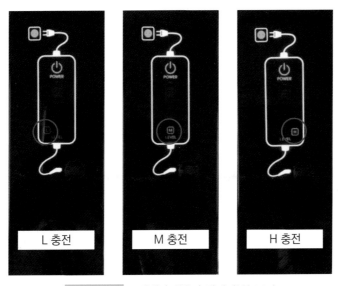

L 충전   M 충전   H 충전

그림 4-17   2세대 휴대용 충전케이블(ICCB)

ICCB 이외에도 전기자동차를 구매하면 완속 충전기용 케이블을 제공한다. 이유는 충전기의 충전케이블 관리 등의 어려움과 시중에 충전기 본체만 있어 이럴 때는 개인이 가지고 있는 완속 충전 케이블을 사용해야 한다.

2세대 충전케이블의 경우 차량 연결 상태와 충전 상태 및 고장 상태를 ICCB LCD 모니터 창에 표시한다. 후면에는 버튼을 눌러 차량 충전 전류를 설정하여 OBC 측 센서 출력에서 센서 데이터 AC 입력 전류 약 5~12A 확인 할 수 있다.

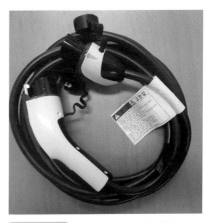

그림 4-18   완속 충전기용 케이블(ICCB)

공용 완속 충전기를 사용한다면 내 차량이 충전 완료 후 다른 사람이 사용할 수 있도록 AUTO 모드로 설정해야 한다.

그러나 개인용 완속 충전기(휴대용)를 이용한다면 케이블 도난 방지를 위해 LOCK 모드(LED 비점등)로 설정하면 충전 도어의 케이블 잠금장치 작동으로 충전케이블을 탈거하지 못한다.

그림 4-19 공용 완속 충전기 사용 시 AUTO 스위치

입력조건을 보면 차종에 따라 다르나 먼저 AUTO 스위치를 누르면 그 스위치 신호는 OBC 유닛으로 들어간다. 그렇게 되면 IGPM(Integrated Gateway Power Control Module)과 서로 통신한다.

참고로 과거에는 IGPM을 SJB(스마트 정션 박스)라고 불렀다. OBC는 IGPM 에게 충전케이블 잠금 및 해제 요청을 하고 IGPM은 충전 구의 충전케이블 잠금 및 해제한다. (충전케이블 자체 잠금/해제)

이때 IGPM은 잠금 상태 정보, 고장정보, SJB IG3 릴레이 ON 상태를 OBC에 전송한다. 단 충전 도어 스위치 작동은 BCM(바디 컨트롤 모듈)으로 입력되고 이 신호는 다시 IGPM으로 입력되어 IGPM은 충전용 도어를 잠금 및 해제한다. 최근 고전압 배터리 64kwh 이고 모터 최대 출력은 150kw이며 급속 충전은 약 54분이 걸린다.

완속 충전의 경우 약 10시간 정도 소모된다. 용량이 높을수록 충전 시간이 더 소요됨을 알 수 있다. 배터리 용량과 모터 출력은 점점 높아질 것이다. 여기서 고전압 배터리 64kwh는 보통 가정용 냉장고가 716 리터의 월간 소비 전력량이 31.4kwh로 약 2달간 가정용 냉장고를 돌릴 수 있는 전력량이다.

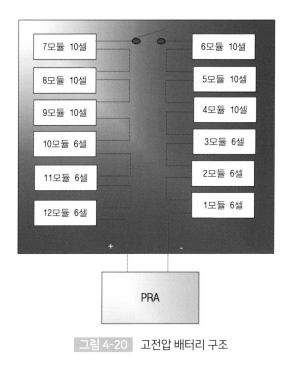

그림 4-20 고전압 배터리 구조

그림은 초기 전기자동차 3.75V×96셀 78AH 28KWh 360V 고전압 배터리의 구조이다.

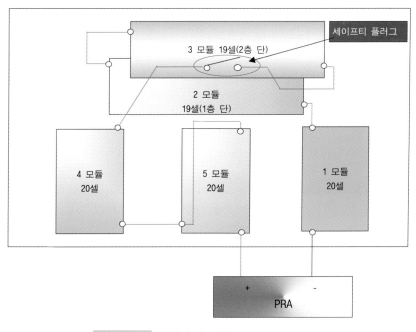

그림 4-21 배터리 팩 구성 (출처:현대자동차 GSW)

정비할 때 세이프티 플러그 탈거해야 하는 데 탈거 시 고전압 배터리 내부 부스 바 연결 회로가 단선되는 구조로 되어 있다. 세이프티 플러그 내부에는 약 250A~400A 퓨즈가 내장되어 있다.

2세대의 경우는 98개 셀을 직렬로 연결하기 위해 5개의 모듈로 구성된다. 공칭 전압 356V로 20개의 셀을 직렬로 연결한 메인 모듈 3개와 19개 셀을 직렬로 연결한 모듈 2개로 구성되었다. 모듈의 구조는 기본형과 경제형으로 구분되는데 각각 연결되는 구조에 따라 전압이 다르다.

그림 4-21 같이 스위치 부분이 안전플러그이며 차단 시 모듈이 분리되어 고전압이 흐르지 못한다. 정비 시는 반드시 분리하고 작업해야 한다.

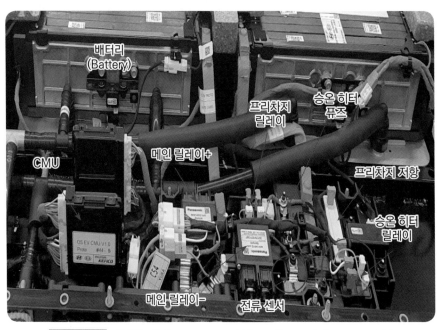

그림 4-22　CMU(Cell Monitoring Unit)와 PRA(Power Relay Assembly)

CMU는 해당 모듈의 셀만을 관리하며 셀 전압을 측정한 후 밸런싱이 필요한 경우 내부 밸런싱 소자를 구동하여 BMU(Battery Management Unit)와 모니터링을 통해 배터리 팩 전체의 셀 전압을 측정하고 조정하게 된다.

　내부는 밸런싱 릴레이 그리고 저항이 내장되고 셀 온도 측정으로 모듈에 장착된 온도 센서를 이용해 배터리 온도를 측정한 후 BMU로 보내어 연산한다. 결국, CMU는 셀 전압 센싱 및 셀 밸런싱을 하고 배터리 모듈 온도를 확인하여 상위 제어기인 BMU로 보내는 역할을 한다.

　BMU 기능은 배터리 충전 상태 관리 및 릴레이 제어(메인, 프리 차지, 급속 충전 릴레이)를 하고 배터리 온도 상승과 하강에 따른 냉각제어를 하고 있다.

　　　그림 4-23　BMU 위치와 CMU 5개

　BMU는 순수전기자동차에서 말하는 용어이고 하이브리드(Hybrid) 고전압 배터리 제어기를 BMS라고 불렀다. 그러나 최근에는 고전압 배터리 제어기의 명칭을 BMU로 변경하여 부르고 있다.

　최근 명칭을 변경한 주된 이유는 BMS 기능을 두 가지로 나누어 서로 각각의 모듈에서 직접적으로 셀 밸런싱을 하는 제어기를 두어 CMU라고 부르고 이것의 상위 제어기를 BMU 라고 한다.

최근 고전압 배터리 차단으로 인터록(Interlock) 커넥터가 별도 장착되어 위급 시에 대처하도록 만들었다. 인터록 커넥터 탈거 시 BMU가 메인 릴레이 ON 제어를 하지 않도록 구성하였다. 작동 조건은 Ready 상태에서 차속이 0 kph 조건일 경우 커넥터 단선 시 BMU가 메인 릴레이를 OFF 시킨다.

고전압 작업 시 고전압 배터리를 비활성화하여 안전플러그 탈거보다 정비 접근성이 용이해졌다. 이 커넥터는 재난 및 응급 시 커넥터 와이어링을 탈거하여 고전압 배터리를 비활성화할 수 있도록 차량 내(內) 사람을 보다 안전하게 구조할 수 있는 시스템이다.

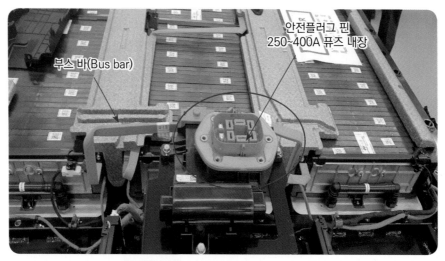

그림 4-24 안전플러그 및 고전압 배터리

인터록 회로는 안전플러그, PRA 연결 케이블, 고전압 정션 블록 케이블, 고전압 정션 블록의 PTC 히터, 전동식 콤프레서, 급속 충전 케이블, 고전압 배터리 제어에는 모두 인터록 체결이 되어 있다고 보면 된다.

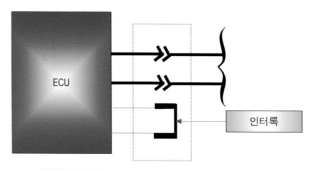

그림 4-25 고전압 인터록 연결된 회로(체결)

따라서 고전압을 체결 상태를 알기 위해 각 제어기가 감지하며 그것은 전압 변화 감지로 고전압 커넥터 체결 또는 해제 시 함께 체결되는 구조이다.

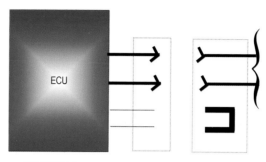

그림 4-26 고전압 인터록 끊어진 회로(분리)

이전에 설명한 것처럼 연결 시 0V이고 탈거 시 5V 또는 12V가 측정된다. 12V 또는 5V가 측정되는 것은 풀-업 전압을 어떤 전원으로 사용하느냐에 따라 다르다. 하여 커넥터 핀의 벌어짐에 의한 접촉저항 과다로 고장이 발생한다면 참조해야 할 중요한 대목이다.

그림 4-27 전기차의 인터록 커넥터(실차)

위 그림은 기존에 없던 PE 룸에 인터록 회로를 추가하여 응급 시나 재난사고 시 배선을 자르거나 커넥터를 탈거하여 고전압 감전사고를 없애고 사람을 보호하는 기능이 추가되었다고 하면 될 것이다. 가능하면 록킹 부위를 눌러 탈거하는 것을 권장한다.

그림 4-28은 전기자동차 고전압 케이블을 절단하여 보여 주고 있다. 혹 파형을 측정한다고 이 케이블에 탐침봉(바늘)을 삽입시키지 않도록 해야 한다. 고전압 배선과 차체 간 절연 저항 측정값을 BMU는 항상 모니터링하고 있다. 고전압 라인의 미세한 전류를 감지한다면 BMU는 고전압을 즉시 차단 시킨다. 그렇게 되면 전기모터 구동을 할 수 없게 된다.

고전압 배선   쉴드 접지

그림 4-28 전기자동차 고압 케이블

파워 케이블 작업 시 주의 사항으로 고전압 케이블 단자를 재체결할 경우는 절연 테이프를 이용하여 입구를 절연한다. (이물질유입 및 감전차단) 고전압 단자 체결용 스크류는 규정 토크로 체결하고 파워 케이블과 부스 바 체결은 분해 시 (+), (-)간의 접촉이 없도록 반드시 주의해야 한다. 고전압 배터리 시스템 화재 발생 시 주의 사항으로는 스타트 버튼을 OFF 한 후 의도하지 않은 시동을 방지하기 위해 스마트키를 차량으로부터 약 2m 떨어진 곳에 보관한다.

화재가 초기일 경우 안전플러그를 신속히 제거하고 실내에서 화재가 발생한 경우 수소가스 방출을 위하여 환기를 실시한다. 불을 끌 수 있다면 이산화 탄소 소화기를 사용한다. 만약 여의치 않을 경우 물이나 소화기를 사용하도록 한다. 이산화탄소 소화기는 전기에 대해 절연성이 우수하여 전기 화재에 적합하다. 그런데도 불을 끌 수 없다면 안전한 곳으로 대피하고 소방서에 전기 화재를 알리고 불이 꺼지기 전까지 차량에 접근하지 않는다. 차량 침수 충돌 사고 발생 후 정지 시 최대한 빨리 차량 키를 OFF하고 외부로 대피한다.

고전압 배터리 가스 및 전해질 유출 시 주의 사항으로는 가스는 수소와 알칼리성 증기이므로 실내일 경우 즉시 환기하고 안전한 곳에 대피한다. 누출된 액이 피부에 접촉하면 접촉 즉시 흐르는 물에 세척 후 의사의 진료를 받아야 한다. 고온에 의한 가스 누출 시 고전압 배터리가 상온으로 완전히 냉각될 때까지 사용을 금한다.

사고 차량 취급 시 주의 사항으로는 절연 장갑 및 보호 안경, 절연복, 절연화를 착용한다. 절연 피복이 벗겨진 파워 케이블(오렌지 색상)은 절대 만지지 않는다. 차량이 절반 이상 침수 상태인 경우는 안전플러그 등 고전압 관련 부품에 절대 손대지 말고 접근하지 말 것이며 불가피한 경우라도 차량을 안전한 곳으로 완전히 이동시킨 후 조치한다. 누출된 액체 피부에 접속 시는 즉각적으로 붕소 액으로 중화시키고 흐르는 물 또는 소금물로 환부를 세척 한다.

사고 차량 작업 시 준비 사항으로는 절연 장갑, 또는 고무장갑, 보호 안경, 절연복, 절연화를 착용한다. 붕소 액(Boric Acid Power or Solution)을 준비하고 이산화 탄소 소화기 또는 그 외 소화기를 준비한다. 전해질용 수건, 절연용 테이프, 메가옴 테스터기 등을 준비해야 한다. 그 외에 위험을 알리는 표지판이 준비되어야 할 것이다.

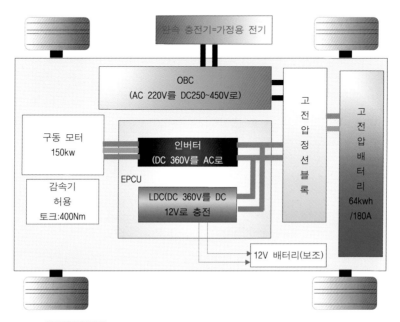

그림 4-29 최근 전기자동차 계략도/완속 충전 (출처:현대자동차 GSW)

전기자동차 운전을 위하여 운전자가 알아야 할 주의 사항은 기존 내연기관 보다 알아야할 사항이 많은 만큼 정비사는 물론이고 오너(Owner)도 기본은 알아야 할 것이다. 하나 덧붙여 말하면 고전압 배터리 충전에 관한 사항이다. 차량을 장기 방치하여 고전압 배터리 및 보조 배터리가 방전되는데 약 3개월에 한 번은 만 충전 해야 좋다. (최근에 보조 배터리는 고전압 배터리에서 충전한다.) 고전압 배터리 SOC (State Of Charge)는 배터리 충전 상태를 말하는데 이 충전 상태가 30% 이하일 경우 장기 방치를 금해야 한다.

　최근 EPCU(Electronic Power Control Unit) 상단에는 OBC, 인버터, VCU, LDC 통합인 EPCU가 일체형으로 제어기별 교체가 불가능하며 EPCU 어셈블리로 교체해야 한다. 그러나 OBC는 별도 교체 가능하며 냉각을 위해 냉각수가 공급된다. 기존 냉각수와는 호환성이 없으니 주의 바란다. (제조사마다 다름)

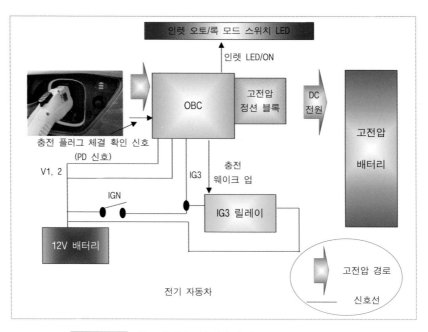

그림 4-30　최근 전기자동차 완속 충전 구성 (출처:현대자동차 GSW)

　전기 자동차 IG3 릴레이는 충전 시 동작에 필요한 제어기를 작동시키기 위한 릴레이이
다. 진단은 GSW 코드별 진단 가이드에 참조하여 OBC 주요 DTC 별 진단 방법을 참조하
여 정비해야 한다. 이는 제작사마다 다르며 해당 차종 정비 지침서를 바탕으로 정비하길
바란다. PD 신호는 근접 감지 신호로 충전 플러그 체결 상태를 확인하기 위한 신호이다.

　OBC 점검에서 DTC는 OBC 출력 파워 성능 이상/ 내부 센서 고장의 경우 점검 방법으
로는 완속 충전 수행 후 동일 고장 재현 시 OBC 단품 교체가 필요해 보인다. 고장 예상으
로는 OBC이다. 차량 점검에서 OBC 과열 점검 방법으로는 충전 중 OBC 온도 변화를 확
인하고 냉각수 및 전동식 워터펌프를 점검한다. 고장 예상으로는 냉각 시스템, 냉각수 부
족, 전동식 워터펌프 단품에 있을 수 있다. 근접 감지 회로 이상의 경우 점검 방법으로는
OBC와 완속 충전구의 배선 점검이다. 고장 예상으로는 완속 충전구와 OBC 간의 배선
및 커넥터의 고장 확률이 높다.

　IG3 릴레이 제어 회로 이상 점검 방법으로는 IG3 릴레이 제어 신호선 배선 점검 단선,
단락 및 IG3 릴레이 단품 점검이다. 고장 예상으로는 IG3 릴레이와 OBC 간의 배선 그리
고 커넥터의 핀 확률이 높다. 물론 IG3 릴레이도 포함된다.

　고전압 배터리 전압과 OBC 출력전압 편차 높음의 점검 방법으로는 OBC 퓨즈 점검과
고전압 케이블 및 커넥터 점검이다. 이는 단선 및 체결 불량을 확인해야 한다. 고장 예상
으로는 고전압 정선 블록의 OBC 퓨즈와 고전압 케이블이다.

　EVCE(Electric Vehicle Charging Equipment)는 전기자동차 충전 설비를 말하는데
주요 DTC로는 배터리 충전 입력 전원 낮음 및 외부 충전기 CP(Control Pilot) 신호 이상
인데 여기서 CP란 EVCE와 전기자동차 간의 상호 동작 제어를 상태 모니터링　하는 신호
를 말한다.

　이 고장의 점검으로는 EVCE 및 외부 교류 전원의 전압, 주파수 점검이 필요하다. 정상
동작하는 EVCE에서 충전 수행 후 동일 DTC 재현 시 차량 와이어 점검한다. 차량 와이어
를 점검함에도 동일 DTC가 발생하면 OBC를 교환한다. 예상 원인으로는 외부 AC 전원
계통과 외부 충전 설비 그리고 고전압 케이블이다. 고장이 발생하면 여러 DTC 코드가 출
력된다. 예를 들어 P0D2A는 배터리 충전기 입력 전류 높음을 의미한다. 이 코드 출력이
어떤 이유로 출력되는지 모르면 정비하는 것이 난감하다. 그러므로 제작사 진단 가이드

에 코드별 진단과 회로 분석을 통하여 고장 코드 출력되는 이유를 먼저 학습해야 한다는 것이다.

그림 4-31 신형은 3단에서 2단 구조로 간단한 구조

EPCU(Electronic Power Control Unit)는 VCU, MCU, LDC 통합 제어 보드 모듈로 커패시터(콘덴서) 고전압 안정화 및 평활 회로가 구성되며 파워 모듈 내부에는 스위칭 작용을 하는 DCV를 ACV로 변환하는 역할을 한다.

EV 차량에서 통합제어 모듈을 EPCU라고 하고 그것을 통합 제어하는 ECU(Engine Control Unit)를 VCU(Vehicle Control Unit) 라고 부른다. 그래서 예전에 하이브리드 차량의 경우 통합제어 모듈을 HPCU(Hybrid Power Control Unit)라고 부르고 제어기를 HCU(Hybrid Control Unit)라고 하였다.

EPCU 내부에는 제어 보드와 파워 보드, 커패시터 다양한 반도체 소자들로 구성된다. 먼저 커패시터는 콘덴서로 고전압 360V의 전원이 콘덴서를 거쳐 공급된다. 우리가 PRA(Power Relay Assembly) OFF 시나 안전플러그 차단 시 고전압이 차단되지만, 콘덴서 내부에는 아직도 고전압 에너지가 저장되어 있어 방전되기까지 시간이 걸리게 된다.

그 시간은 약 5~10분 정도로 안전플러그 제거하고 이 정도 시간을 기다린 다음 작업해야 한다. 그러나 최근 EV 차량은 KEY/OFF 후 약 1~2초 이내로 커패시터가 고전압 에너지를 모터 코일을 통해 유도 방전한다. 최근 법규로는 1초 이내에 60V 이하로 떨어져야 하고 유럽 법규로 국내도 동일 적용하였다.

최근 LDC(Low Voltage DC-DC Converter)의 경우 충전 속도가 좀 더 증대되었다. 12V 보조 배터리 충전을 하며 기존 내연기관 자동차 발전기 역할을 한다. 전류의 흐름으로는 메인 고전압 배터리에서 LDC를 거쳐 저전압으로 12V 전압이 각 부하로 공급된다. 특징으로는 엔진 구동과 관계없이 작동하여 연비를 향상시킨다.

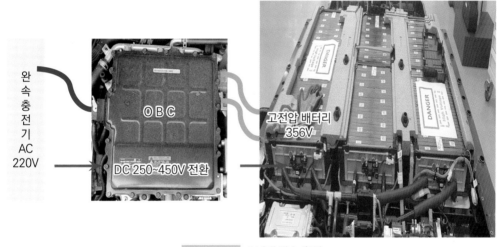

그림 4-32 2세대 완속 충전

최근 OBC(On Board Charger)를 보면 AC 220V 전원을 완속 충전기로 입력받아 DC 250V~450V로 변환하여 고전압 배터리 충전하고 기존 1세대 전기차 대비 충전 속도가 약 6.6에서 7.2 kw로 빨라졌다.

OBC는 내부 필터와 정류기, 컨버터 등을 통해 직류로 변환하여 충전함으로 그만큼의 필터링 시간이 필요하다. OBC는 차량 충전기라 할 수 있다.

구동 모터는 주행에 필요한 동력을 발생하고 충전을 담당한다. 모터는 외부에서 전기를 입력하면 전동 모터가 되고 외력에 의해 회전을 하면 전기를 발생시키는 발전기가 된다. 최대 회전수는 12,000 RPM 최대 토크는 295~395 Nm이다.

타력으로 주행하는 내리막길에서 가속페달을 떼면 회생 제동으로 모터는 발전기로 바뀌고 바뀐 발전기는 배터리를 충전한다. EPCU내의 MCU(인버터)는 3상 AC 공급받아 작동하며 일체형의 레졸버 및 온도 센서가 장착된다. 모터 또는 EPCU 교체 시 레졸버 보정과 모터 냉각과 제어기 냉각 시스템의 에어 빼기 작업을 반드시 해야 한다.

그림 4-33 전기자동차 구동 모터

레졸버 보정이란 전기모터를 제어하기 위해서는 정확한 모터 회전자 절대 위치 검출이 필요하다. 부품 조립과정에서 필연적으로 발생하는 기계적 공차가 생기며 이 공차에 의한 실제 레졸버 센서에서 검출되는 위치 정보 오차가 발생한다.

모터가 효율적으로 제어하기 위해서는 기계적 오차를 보정하여 주어야 한다. 레졸버 보정(Calibration)은 모터가 조립된 상태에서 공차에 의해 발생한 옵셋 값을 인버터(MCU)에 저장하여 ECU에 알리는 기능이다. 레졸버 보정은 진단 장비(MCU)에서 레졸버 옵셋 자동 보정 초기화 실시 후 35 kph 이상 주행 시 자동 보정된다. 과거 하이브리드(HEV)와 다르게 모터를 강제 구동이 불가하여 EV 자동차는 주행 시만 학습할 수 있다.

모터 출력 기본형의 경우는 150kw고 경제형의 경우는 99 kw며 1세대의 경우는 81 kw였다. 2세대 토크는 395 Nm이고 1세대 경우는 출력이 81~88 kw이다. 토크는 285~295 Nm이다. 모터 타입은 영구 자석형 동기 모터이며 무게는 약 64kg이다. 운행 중 모터는 열을 받는데 냉각은 EWP(Electric Water Pump)로 구동하여 냉각을 시킨다. 매우 중요한 레졸버 핀의 총 8핀으로 1번과 5번 핀의 저항을 측정하면 약 26.5Ω이 2번과 6번 핀 저항은 약 87Ω이 3번과 7번은 약 76Ω이 측정되었다. 이는 표준온도 20±5℃에서 측정한 데이터이다.

마지막으로 4번 핀과 8번을 저항 측정하면 13.44~7.56㏀이 측정된다. 이것은 온도 센서로 외기온과 모터 간접 온도에 따라 다르나 20~30℃에서 측정한 결과이다. 결국. 레졸버 보정은 회전자 위치를 확인하여 모터를 최적으로 제어하기 위해 사용된다. 여기서 알아야 할 것은 온도 센서인데 모터 온도가 180℃가 넘으면 DTC가 발생한다는 것이다. 문제는 레졸버가 고장 나면 레졸버 만 교체 못 하니 모터와 일체로 교환해야 한다.

모터 단품 점검으로는 U, V, W 상 저항을 측정하는 것인데 먼저 U-V, V-W, W-U 상 선간 저항을 측정하면 약 표준온도 20도에서 19.1 mmΩ(±5%) 이 측정된다. 구동 모터 몸체와 U, V, W 상의 절연 저항 메가 옴 테스터기 사용하여 100 MΩ 이상 검출되어야 단락되지 않은 상태가 된다. 다음은 구동 모터 제어를 그림으로 나타내었다.

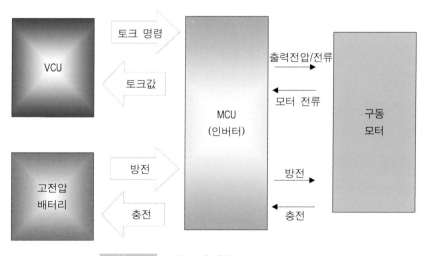

그림 4-34 구동 모터 제어 (출처:현대자동차 GSW)

MCU는 VCU와 통신하여 주행 조건에 따라 구동 모터를 최적으로 제어하는데 고전압 배터리의 직류(DC)를 구동 모터에 필요한 3상 교류(AC)로 전환하고 구동 모터에 필요한 인버터 기능과 고전압 시스템 냉각을 하는 EWP(Electric Water Pump)를 제어하는 기능을 한다. 운전자가 감속 및 제동 시에는 MCU는 인버터 기능 대신 컨버터(AC를 DC로 바꾸는)의 기능을 수행한다. 이때는 모터를 발전기로 전환하고 고전압 배터리를 충전한다.

따라서 상위 제어기인 VCU는 토크 명령을 MCU(Motor Control Unit)에 내리고 MCU는 전압과 전류를 모터 측으로 보낸다. 그렇게 되면 모터는 구동하고 이때 모터의 전류값을 MCU가 측정한다. MCU는 이 전류값으로부터 나온 토크 값을 계산하여 사령관인 VCU에 송신한다. 제어기 내부는 고열로 제어하므로 냉각이 필요하고 전기자동차 모터의 냉각은 EWP(Electric Water Pump)가 담당한다.

그림 4-35 EWP 및 냉각수 흐름 경로

전기식 워터펌프는 OBC, 모터, EPCU 내의 냉각을 목적으로 두었다. MCU가 EWP를 제어하고 관련 부품 교환 시는 에어 빼기 작업을 진단 장비를 통해 실시해야 한다.

보통 고장 코드가 P0C73, U1116 점등되면 계기판 "냉각수 부족 문구"가 점등된다. 원인으로는 리저브 보충 탱크에 냉각수가 없거나 물 통로 내부에 공기가 차서 물 순환이 불가할 때 발생한다. 물 통로에 공기가 찬다는 것은 해당 호스가 찢어지거나 호스 체결 스크류의 조임 토크 불량 및 호스의 경화로 냉각수가 새어 나오는 것이 주요 원인이다. 물론 그 전에 모터 회전 상태 유/무를 확인하는 일은 당연한 일이다.

또한, 어떠한 부품을 탈거하기 위해 어쩔 수 없이 호스를 분리해야 한다면 호스의 조임 위치와 클램프 원래 조임 부와 일치시키는 것이 중요하다. 이유는 체결 조임 부의 위치 호스의 영구 변형으로 다른 위치에 클램프가 오면 변형된 호스 틈새로 냉간 시 조금씩 냉각수가 누출될 수 있다는 것이다. 다음 그림 4-36은 전기자동차 감속기를 나타내었다.

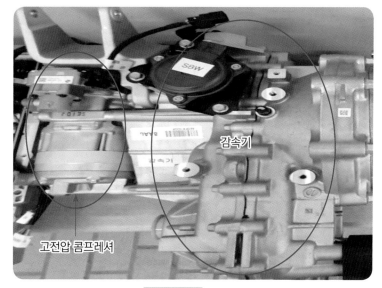

감속기

고전압 콤프레셔

그림 4-36 감속기

만약 MCU 과열로 고장 코드가 출력된다면 모터와 냉각수 부족 유무를 확인하고 에어 빼기 작업 이후 그래도 지속해서 출력된다면 MCU 자체 온도 센서 및 배선을 점검해야 한다. 이 경우는 MCU가 EPCU 안에 있어 EPCU 어셈블리를 통째로 교환해야 하는 고장도 있을 수 있다.

감속기는 구동 모터로부터 동력을 전달받아 감속하고 구동력을 증대하는 기능을 한다. 주요 기능으로는 감속, 차동기어, 파킹 기능을 수행한다. 감속 기능은 모터의 회전수를 감소시키고 또한 구동력을 증대시켜 감속비를 약 7.9:1로 감속한다. 최근 감속기는 300 에서 400 Nm로 증대되었고 무게는 약 30~38kg 정도이다.

동력 전달 경로는 배터리 전기에너지를 모터에서 인풋 기어, 아웃풋 기어, 아웃풋 샤프트, 디프 기어를 통해 좌, 우 등속조인트를 거쳐 바퀴로 동력 전달된다.

다음 그림 4-37은 전기자동차에서 크게 달라진 점은 변속 레버이다. 기존 중, 대형 자동차에 장착되기 시작하여 이제 대부분 자동차에 장착되고 있는 추세이다.

운행에 있어 주의할 점은 레버 타입의 경우 운전자의 액션(움직임)에 의한 정확한 변속이 이루어졌다고 판단하고 P, R, N, D 레버 이동으로 실행하지만, SBW(Shift By Wire)는 버튼으로 제어함으로 버튼을 누른 후 계기판에 정확한 위

그림 4-37 SBW(Shift By Wire) 변속 조작 버튼

치 선정이 된 이후에 가속페달을 밟고 운행하는 것을 저자는 권고한다. 그 이유는 변속이 되지도 않았는데 이전 변속에서 가속페달을 밟으면 이전 변속으로 운전자의 행위적 시간 차이로 이전 레인지로 출발 되지 않도록 해야 한다는 것이다. (클러스터에 현재 변속단 알림 표시함)

제조사는 버튼 조작으로 차량 변속 주행 및 주 정차 시 변속의 편의성을 증대하였고 시동 OFF 시 자동으로 P단 체결되고 차 속과 연관성이 있지만, 주행 중 도어를 OPEN 시 P단 체결 등의 안전장치가 적용되었다. 물론 이것은 차 속과 연관성이 있다. 다음 그림 4-38은 SBW 작동 경로를 나타낸다.

그림 4-38 SBW 작동 경로 (출처:현대자동차 GSW)

운전자가 변속 버튼을 누르면 VCU(Vehicle Control Unit)로 누른 버튼 신호가 입력되고 그 신호를 받은 VCU는 SBW 시스템 제어를 위해 P 단과 P 단 이외의 위치를 SCU(SBW Control Unit)에 신호를 송신한다.

결국, P 레인지를 제어하기 위해 사용되며 나머지 P, R, N, D 레인지는 VCU가 제어한다. SCU는 P 레인지에 있느냐 없느냐를 확인하여 파킹 액추에이터 모터를 구동하기 위한 것으로 사용한다. 따라서 상관(上官)인 VCU 명령에서만 동작한다. 다음 그림 4-39는 전기자동차 데이터 상세도를 나타내었다.

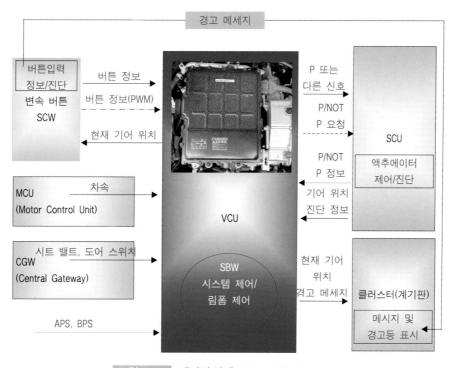

그림 4-39 데이터 상세도 (출처:현대자동차 GSW)

파킹 액추에이터는 감속기 상단에 장착되며 내부 파킹 기어와 연결되어있다. 액추에이터 내부 기어가 체결 또는 해제로 파킹 제어를 한다. KEY/ON 시 파킹 액추에이터는 "P" 단 위치를 액추에이터 구동하여 학습한다.

그리고 자동으로 파킹 기능을 하는데 D 단과 R 단에서 시동을 OFF 하였다면 P단으로 자동 변속되어 편의성을 증대하였고 시동 상태의 D 단과 R 단에서 도어를 OPEN 시 P 단 자동 변속 주행 안전성을 확보하였다. 단, 이 작동은 가속페달을 밟지 않은 상태, 안전 벨트 하지 않고 브레이크 페달을 밟지 않은 상태이다. 물론 차 속은 약 2 kph 이하에서만 P 단으로 변속된다. 그리고 한 가지 더 알아야 할 것은 전기자동차는 N 단 시동하여 N 단 OFF 후 3분 이내에 도어를 OPEN 하면 자동으로 P 레인지로 이동한다. 여기서 무조건 N 단에서 3분 이후 도어와 상관없이 P 레인지 이동한다면 자동 세차장과 같이 자동차가 이동해야 하는 상황이라면 구동계 손상이 있을 수 있다. 하여 도어를 열지 않으면 N 단을 유지한다. 이는 3분이 지나도 지속해서 N 단을 유지한다.

 그뿐만 아니라 일정 차 속이 VCU로 입력되면 운전자가 P 버튼을 눌러도 P 단 변속이 되지 않으며 동시적인 버튼이 입력되면 선 입력된 순위로 변속된다. 기존 변속된 버튼을 누르면 클러스터에 경고 문구를 표출하고 현재 단을 유지하고자 한다. 이처럼 전기자동차는 기존 내연기관의 변속 인디게이터 보다 많은 차이를 보인다. 레버 연동으로 변속 패턴 단을 결정하는 것이 아니라 변속 버튼으로 제어하기에 계기판 "D"레인지"R"레인지 변속이 정확히 바뀌고 단 뒤에 브레이크에서 발을 떼어 운전하길 권고한다.

그림 4-40　변속 버튼

 작동 모터는 액추에이터를 이용한 전기적 신호 제어로 작동한다.

"N"단 시동 OFF 후 3분 이내에 도어(Door)를 열면 "P"단으로 자동 체결됨으로 세차 시 나 휠얼라이먼트 정비 시는 P 단일 경우 P 릴리즈 버튼을 누르고 나서 N 단 상태에서 작업해야 한다. 만약 N 단 시동 후 OFF 이후 3분이 초과하면 N 단 상태를 그대로 유지한 다는 사실 꼭 알아 두길 바란다. (제조사마다 다름)

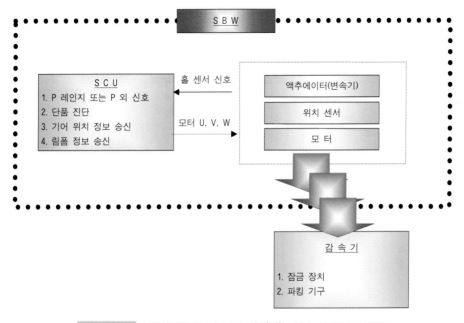

그림 4-41 SCU(SBW Control Unit)의 기능 (출처:현대자동차 GSW)

SCU(SBW Control Unit)는 보통 A필러 하단이나 실내 오디오 패널 중앙 카울 크로스 바에 장착되는데 SBW 시스템의 제어 유닛으로 VCU로부터 신호를 받아 액추에이터를 구동하는 역할을 한다.

액추에이터 위치 센서는 홀 센서 신호가 입력되고 그 신호는 디지털 신호로 입력된다. 모터는 3상 교류 신호를 출력한다. SBW 고장 시 P 단이 고장 시 변속 단은 변속 불가하 다. 다른 단 주행이 가능한데 예를 들어 P 단 고장 시 계기판에 P 버튼을 점검하시오. 문 구가 나타나고 N 단 재시동 시 D 단 버튼 작동시켜 주행가능 하다. 각단별 고장 내용이 클러스터(계기판)에 점등되며 최대한의 주행이 가능하도록 시스템을 만들었다.

전기자동차에서 DTE(Distance to Empty)는 매우 중요하다. 전기자동차가 주행할 수 있는 거리를 말하는데 전기자동차로서는 주행 가능한 거리를 운전자에게 보여 주므로 전기 충전 시기를 알 수 있다. 결국, 잔존 주행가능거리가 DTE인 것이다. 제어기별 기능으로는 먼저 VCU의 경우 배터리 에너지 연산 도로 정보를 고려한 DTE 연산을 들 수 있다. 다음 그림 4-42는 주행가능거리 연산 블록도를 나타낸다.

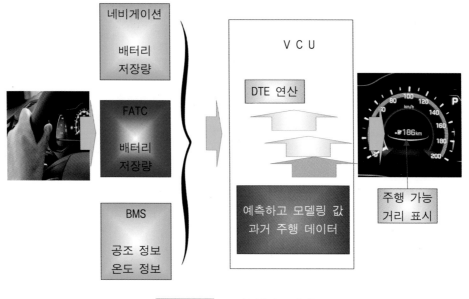

그림 4-42 DTE(주행 가능 거리)

BMU(Battery Management Unit)는 배터리 충전량에 대한 모니터링하여 VCU에 정보를 보낸다. AVN(Audio Video Navigation)은 목적지까지 도로 정보를 제공하여 DTE를 제공한다. 계기판은 주행 가능 거리를 표시한다.

여기서 주행가능거리는 학습된 연비(kmp/kwh) × 배터리 남은 에너지(kwh)이다. 이 세상 모든 것은 오차가 존재한다. 주행가능거리 오차 발생 요소는 사용자의 주행 패턴, 승차 정원, 날씨, 온도 등 배터리 사용하면서 노화 상태에 따라 변수가 있다. 이것은 주행하는 자동차로서는 당연한 것이다. 그러므로 정확한 주행가능거리를 매칭하기가 제작사 입장에서 어려운 일이기도 하다. 에어컨과 히터 공조 장치 및 승차 정원, 날씨, 온도는 매우 민감한 사안이기에 그러하다.

특히 공조 장치 에어컨이나 히터 작동 시 주행가능거리가 급격히 떨어질 수 있다.

또한, 현재 전기자동차는 학습을 통하여 학습 이력을 토대로 계산되는데 지속적 저속 주행만을 하는 자동차, 도심의 꽉 막힌 도로만을 주행하고 있는 자동차가 고속도로를 진입한다면 당연히 추정 오차가 발생할 것이다. 따라서 EV 연비 학습 방법으로는 구간 구간 주행 후 충전하고 운행하여 다시 충전할 때 EV 연비를 학습한다.

다음 그림 4-43은 EV 연비 학습과정을 그림으로 나타내었다. EV 전비는 배터리 충전 후 다음 충전 시까지 주행한 거리를 사용에너지로 나눈 것을 말한다.

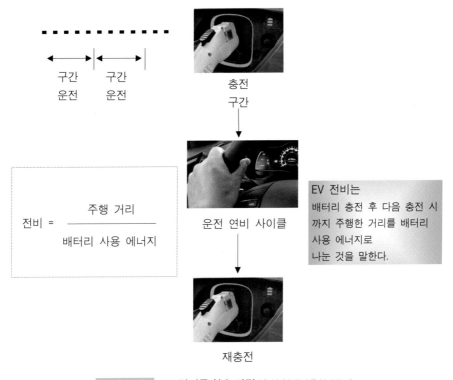

그림 4-43 EV 연비를 학습 과정 (출처:현대자동차 GSW)

다음 그림 4-44는 계기판(클러스터)에 운전자가 드라이브 모드를 설정하고 공조 제어 및 회생 제동 충전을 단계별 제어할 수 있는 주행 모드 설정을 나타내었다. 또한 최고 속도 제한을 할 수도 있다. 주행하는 모드를 AVN에서 설정할 수 있는데 방법은 다음과 같다.

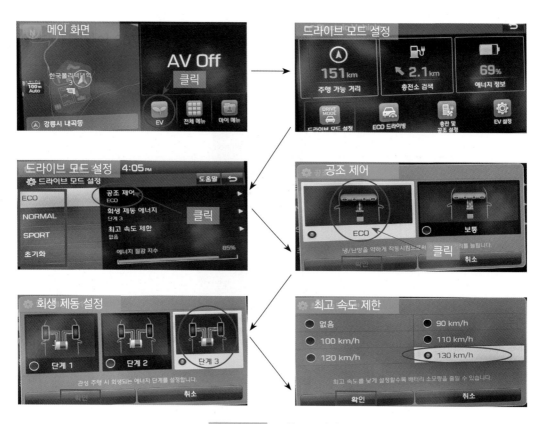

그림 4-44 주행모드 설정

공조 파워 모드를 제한하여 전기차 모드 적용/비 적용할 수 있다. 주행 거리를 늘릴 수 있다. 전기자동차는 제동 방식에서 브레이크 제동과 회생 제동으로 구분하는데 제동의 효과와 회생 충전이 비례하여 작동한다. (중요하다.) 고단으로 갈수록 회생 제동 거리가 짧아지고 제동 거리도 또한 짧아진다. 그러므로 고전압 배터리로 가는 충전량도 많아지게 된다. 따라서 회생 제동 충전 비율이 높아지고 낮아진다. 그리고 최고 속도 제한을 걸어 (없음/90/100/110/120/130km/h)로 구분 지었다.

드라이브 모드는 운전자가 세부적으로 선택할 수 있으며 스포츠/ 노멀/에코 모드로 설정이 가능하다. 최고 속도 제한은 Eco Mode에서 작동한다. 에어컨과 같은 공조 파워를 제한할 수 있으며 회생 제동량도 설정이 가능하다.

패들 쉬프트 스위치 설정은 주행 중 회생 제동량을 간편하게 설정할 수 있다. (+)측 패들 스위치를 동작하면 회생 제동량이 많아지고 (-)측을 작동하면 회생 제동량이 감소한다. 다음 그림 4-45는 패들 스위치를 나타낸다. 패들 쉬프트 스위치 설정은 주행 중 회생 제동량을 간편하게 설정할 수 있다. (+)측 패들 스위치를 동작하면 회생 제동량이 많아지고 (-)측을 작동하면 회생 제동량이 감소한다.

그림 4-45   패들 쉬프트(Pabble Shift)

드라이브 모드 설정 시 에코(Eco+)는 고전압 배터리 에너지를 초절전으로 연비를 극대화하는 모드이다. 에코(Eco) 모드는 에너지 최적 사용으로 도로에서 연비 향상을 주는 모드이다. 컴퍼트(Comfort) 모드는 균형 잡힌 실도로에서 연비와 주행 성능을 제공한다. 막히지 않는 고속도로에서 주로 사용한다고 보면 된다. 스포츠(Sport) 모드는 가속감과 힘 있는 주행이 요구될 때 사용한다. 물론 고전압 배터리 주행가능거리는 줄어들 수 있다.

최근 전기자동차에 적용된 에코(Eco+) 모드는 배터리 충전량이 없어 충전소로 갈 수 있는 전력만 소비하고 충전소 긴급 이동 시 사용하면 된다. 최고 속도를 제한한다. 90 kph 이하로 진입하고 회생 제동량은 Level 2단계로 자동 진입한다. 고전압 배터리 SOC가 적을 때 긴급상황에서 충전소까지 이동할 경우 적용된다고 보면 될 것이다. 물론 기본 공조는 OFF 상태이다. 움직이고 갈 힘도 없는데 이것까지 더 하면 안 되기 때문이다. 최근 저자가 전기자동차에 가장 매력을 느끼는 모드가 있는데 그것은 유틸리티(UTIL) 모드이다. 이것은 산(山) 정상에서 아니면 야외에서 내연기관이 사용하지 못하는 전기자동차만의 혜택인듯싶다.

차량 내에서 편의 장치를 안전하게 사용하는데 보조 배터리(12V) 전원은 충분치 않으며 고전압 배터리 전원을 사용하는데 차량 구동은 불가하나 차량 구동 외 에어컨 및 다른 장치들은 사용할 수 있다는 장점이 있다. 산 정상에서 고전압 배터리 전원을 사용하고 내려 올 때는 회생 제동으로 고전압 배터리 사용한 전원을 일부 다시 충전하여 자동차 충전 효율을 높이는 것이다.

그림 4-46   유틸리티 사용법

사용 방법으로는 자동차 Ready에서 URM 메뉴 설정에 들어가 유틸리티 모드를 선택하고 이때 운전자에게 사용 유/무를 묻는 메시지가 출력된다. 따라서 그냥 브레이크를 밟지 않고 IG/ON 하면 유틸리티 메뉴가 뜨지 않는다.

대표적인 휴식 모드는 내연기관은 시동을 걸어 공공장소에서 에어컨이나 음악 헤드라이트 등 각종 IT 기기를 활용하는데 제약이 있었다. 바로 배터리 방전인데 전기자동차에서는 고전압 배터리 사용으로 보조 배터리 방전이 안 된다는 장점이 있다. 이것은 최근 적용된 3세대 모드에 적용되었다.

위의 모드 선택 후 다음과 같은 방법으로 설정한다. 그림 4-46과 같이 위의 모드 선택 후 다음과 같은 방법으로 설정한다. 먼저 전기자동차 운행 준비상태(Ready)에서 트립 버튼을 누르고 유틸리티 선택하고 OK 버튼을 누른다. 그림 4-47은 유틸리티 사용 과정을 나타내었다. 참조하길 바란다.

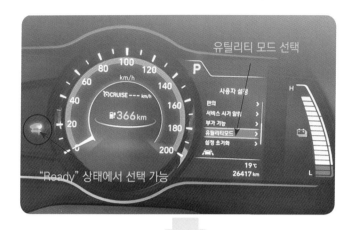

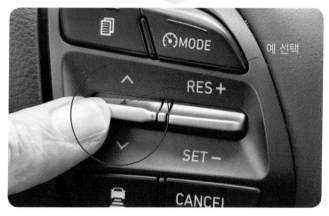

그림 4-47 ▐ 유틸리티 사용 과정

이처럼 유틸리티 모드는 고용량 배터리 전기자동차의 특권인듯하다. 유틸리티가 설정되면 그림 4-48처럼 계기판에 표시된다.

그림 4-48 유틸리티 사용 확인

그 밖의 신기술로 적용된 것 중 운행하는 데 있어 중요한 것이 있는데 특히 장시간 오래 운행하지 않으면 보조 배터리 방전으로 점프 스타트를 해야 하는 불편함이 존재했다.

그러나 3세대의 경우 보조 배터리를 보 충전하는 시스템이 적용되었다.

현대, 기아자동차에 근무했던 한사람으로 국내 자동차 기술적 발전에 존경을 표한다. 그리고 더욱더 발전하는 기업이 되길 기원한다.

장기 방치에 따른 보조 배터리 방전을 방지하기 위해 약 3일에 1회 20분 보 충전을 한다. 이것은 IG/ON 상태에서 충전 커넥터를 연결하여 충전 시 완료 후 자동으로 보 충전 기능에 들어간다. 주기적인 보 충전의 경우 차량의 상태는 KEY/OFF이며 자동차 문은 닫힘 상태로 1일 20분 정도 충전을 한다. 보조 배터리 전압이 12.7V 이하이면서 배터리 SOC가 70% 이하에서 작동한다. 이때 고전압 배터리 SOC는 20% 이상이어야 주기적 보 충전을 할 수 있다.

　자동 보 충전의 경우 차량 조건은 IG/ON 상태이며 충전 커넥터 연결되어 20분에 10회 정도로 한다고 했다. LDC 기준으로 그림 4-49와 같이 두 가지 전압으로 구성되는데 고전압 회로의 PE 구동 부품과 저전압 회로 전원 공급부품을 나타내었다.

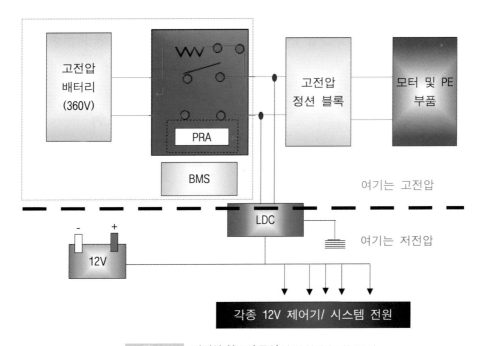

그림 4-49　저전압 회로의 구성 (출처:현대자동차 GSW)

　저전압의 경우 고전압 회로를 구동하는 제어기 부품의 전원과 일반 실내 전장에 쓰이는 부품의 전원을 공급한다. 그리고 저전압의 안정적 지원을 위해 보조 배터리 12V가 장착되어 일반제어기 및 전장 시스템 전원을 공급한다. 전기자동차는 일반 내연기관 자동차와 다른 고전압을 사용하기에 바디 전장 제어 전원 360V를 그대로 사용하는 것은 무리가 따른다. 물론 여러 가지 충족조건을 가지고 고안해야 하는데 고전압을 그대로 적용하면 효율적, 안전적 측면에서 문제가 발생한다. 그래서 고전압을 저전압으로 다운시켜 실내 제어 시스템과 여러 편의 안전장치에 고전압이 다운된 저전압 12V를 사용한다.

모터 구동 제어 특징으로는 EV 자동차는 전기모터만으로 구동함으로 VCU의 가장 중요한 제어는 모터 구동이라 할 수 있다. 이를 위해서는 VCU 사령관이 배터리 제어기로부터 배터리 충전 상태를 보고받아야 하고 그 정보로 운전자의 의지에 맞는 구동 토크를 제어할 수 있어야 한다. 다음 그림 4-50은 모터 구동 제어를 한눈에 볼 수 있도록 나타내었다.

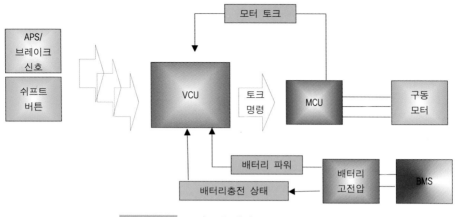

그림 4-50 모터 구동 제어 (출처:현대자동차 GSW)

　　모터 구동 제어 특징으로는 EV 자동차는 전기모터만으로 구동함으로 VCU의 가장 중요한 제어는 모터 구동이라 할 수 있다. 이를 위해서는 VCU 사령관이 배터리 제어기로부터 배터리 충전 상태를 보고받아야 하고 그 정보로 운전자의 의지에 맞는 구동 토크를 제어할 수 있어야 한다.

　　그래서 VCU는 모터 토크 제어와 인버터의 온도를 수시로 모니터링 받는다. 만약에 냉각 수온 대비해 인버터 온도가 급상승하면 구동 모터 토크를 조절하고 토크 출력을 제한한다.

　　VCU의 역할은 전자에서 설명한 것과 같이 배터리 가용할 수 있는 파워와 모터를 쓸 수 있는 토크, 운전자의 요구(가속페달 등)를 고려하여 모터 토크를 계산하고 제어할 수 있는 유닛이다.

　　BMS는 상위 제어기인 VCU의 모터 제어 계산을 위해 배터리 현 상태를 보고하여 현재 사용할 수 있는 파워를 제공한다. MCU는 모터 가용 토크를 상위 제어기인 VCU에 송부하고 VCU로부터 수신받은 토크 명령을 따르기 위해 인버터를 구동하는 유닛이다.

회생 제동은 EV 감속 또는 제동 시에 전기 구동 모터를 발전기로 전환하여 차량의 운동에너지를 전기에너지로 변환하는 과정을 말하는데 이는 고전압 배터리를 잠시 충전할 수 있는 것이다. 구동하면서 에너지 손실을 최소화하기 위해 주행 거리를 높일 수 있다. 다음 그림 4-51은 전기자동차의 회생 제동 제어를 통해 고전압 배터리 충전 과정을 나타낸다.

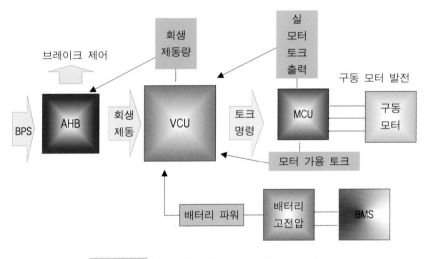

그림 4-51 회생 제동 제어 (출처:현대자동차 GSW)

제어기별 주요 기능으로는 먼저 VCU는 액티브 하이드로닉 부스터(AHB)로부터 회생 제동 요청량을 받아 VCU에 전달하면 BMS의 배터리 가용 파워 및 MCU 모터 가용 토크를 기반으로 회생 제동에 필요한 모터 가용 토크 및 토크 지령을 연산하는 역할을 한다. AHB는 BPS(브레이크 페달 센서)에 따른 총제동량을 계산 이를 유압 제동량과 회생 제동 요청량을 분배하는 역할을 한다.

전기자동차에서 가장 힘든 것은 연산인듯하다. BMS는 배터리 가용할 수 있는 파워와 SOC 현재 배터리 충전 상태를 제공함으로써 회생 제동 준비를 한다. MCU는 모터 가용 토크 및 실제 토크를 상위 제어기인 VCU에 전달하고 VCU로부터 수신된 토크 명령을 실행하기 위해 또다시 인버터를 구동한다.

EV 기어 단 적용은 SBW의 자동 변속기의 기능을 구동 모터의 회전수와 토크에 의해 결정되며 전기적인 시스템에 의해 변속이 진행된다. 운전자 의지가 전진과 후진일 경우 변속 신호가 전기적인 신호로 VCU에 전달되며, VCU는 SCU를 통해서 파킹 액추에이터를 제어한다. 따라서 제어기별 기능은 먼저 변속 버튼이 운전자의 의지 파악으로 시작한다.

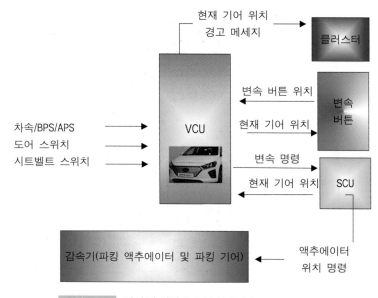

그림 4-52 기어 단 결정 요소 (출처:현대자동차 GSW)

VCU는 변속 버튼의 위치 신호를 입력받아 SBW 시스템을 제어하고 P와 아니면 P 아닌 위치 이 두 가지 위치만 SCU로 송신한다. 그러므로 나머지 D/R/N 단 제어는 VCU가 제어한다. SCU는 P/Not P 신호를 받아 파킹 액추에이터 모터를 구동하고 이때 SCU는 D/R/N 단을 동일한 P가 아닌 것으로 인식하여 SCU는 상위 제어기인 VCU의 명령에 의해 동작한다. 파킹 액추에이터는 감속기에 장착되어 있으며 파킹 기어와 기계적으로 연결되어 액추에이터 모터 내부 구동 시 파킹 기어 체결 또는 해제하는 역할을 한다.

기본 기능에서 D에서 R 변속 시 12 kph 이내에서 브레이크 신호가 들어오면, 변속 가능하다. 또한, 안전 기능에서 EV Ready 상태에서 도어를 오픈 시 오토 P 단 체결. 기어 단은 D/N/R 단인 경우 자동 P 단이 체결된다.

최근 신형의 경우는 횟수 제한 없이 문을 닫거나 시트벨트를 하거나 차 속이 30 kph 이상 시 리셋되어 P 단 체결이 가능하다.

전기자동차의 공조는 FATC A/C 신호 ON 시 VCU는 A/C 컴프레서와 PTC 요청 파워 신호를 받는다. 이 신호를 받은 VCU는 고전압 배터리 가용 파워와 SOC를 확인하여 A/C 컴프레서와 PTC 허용 파워를 FATC로 보내고 FATC는 허용 범위 내에서 공조 시스템을 작동한다. 따라서 제어기별 기능으로 VCU는 배터리 정보와 FATC에서 요청 파워를 이용하여 최종 FATC 허용 파워를 송신하는 역할을 한다. 다음 그림 4-53은 전기자동차 공조 시스템 부하 제어를 나타낸다.

따라서 제어기별 기능으로 VCU는 배터리 정보와 FATC에서 요청 파워를 이용하여 최종 FATC 허용 파워를 송신하는 역할을 한다.

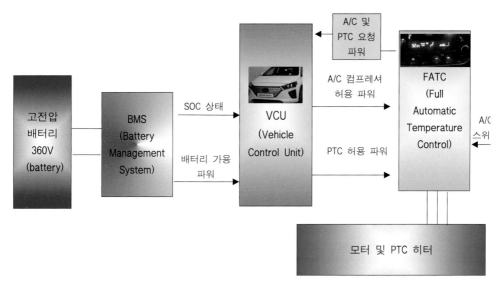

그림 4-53 공조 부하 제어 다이어그램/diagram (출처:현대자동차 GSW)

BMS는 배터리 가용 파워 및 SOC(State of Charge) 정보를 제공함으로써 배터리 상태를 모니터링한다. FATC는 운전자가 냉, 난방을 요구하면 FATC는 VCU에게 컴프레서와 PTC 허용 파워 요청하고 그 허용 범위 내에 있는 공조를 작동한다. 보통 공조를 작동하면 DTE 주행가능거리가 현저히 줄어드는 것을 확인할 수 있다. 사실 전기자동차 공조는 숙제이다. 주행가능거리에 밀접한 상관관계에 있다.

EV 자동차는 내연기관에 사용하는 발전기가 삭제되었다고 하였다. 따라서 LDC가 상위 제어기인 VCU 연산에 의해 고전압을 변환하여 저전압으로 각종 제어기 및 일반 전장 시스템으로 전원을 공급한다. 다음 그림 4-54는 바디 전장에 필요한 LDC 제어를 상세히 나타내었다.

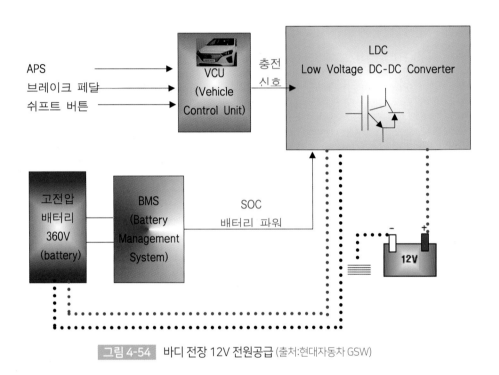

그림 4-54 바디 전장 12V 전원공급 (출처:현대자동차 GSW)

VCU는 고전압 배터리 정보와 저전압 배터리 정보를 연산하는데 이때 저전압 배터리 정보는 BCM에서 배터리 저전압 센서를 감지한다. VCU는 LDC로 필요한 전력량을 보내 보조 배터리를 충전한다. 또한 충전기로 고전압 배터리 충전 중에 자동으로 보 충전을 20분 10회간 저전압 라인을 충전하여 보조 배터리 방전을 사전 예방한다.

제어기별 기능으로는 먼저 VCU는 배터리 정보(고전압과 저전압)와 차량 상태에 따른 LDC ON/OFF 및 동작 모드를 결정한다. BMS는 SOC(State of Charge) 정보 및 배터리 파워를 상위 제어기인 VCU에 보고한다. LDC는 VCU의 명령에 따라 고전압을 저전압으로 변환하여 차량 전장에 필요한 전원을 공급한다. 이것은 내연기관의 발전기 역할과 같다.

보조 배터리 보 충전은 고전압 배터리 SOC 20% 이상이어야 하며 약 3일에 1회에 20분 동안 보 충전을 한다. 저전압이 약 70% 이하일 때 실시한다. 예를 들어 12.7V에서 70% 이하 시 약 9V 이하 충전 시작한다.

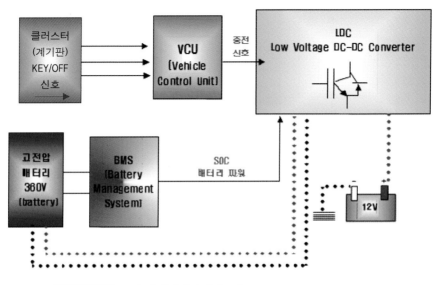

그림 4-55 보 충전 배터리 다이어그램 (출처:현대자동차 GSW)

주기적 보 충전의 경우 차량 상태는 KEY/OFF 상태이고 차량 조건은 모든 문이 닫혀 있어야 한다. 동작 시간과 주기는 20분 정도이며 1일 1회이다. 보조 배터리 12.7V 이하 또는 SOC가 70% 이하이며 매인 고전압 배터리 SOC는 20% 이상 시 에서만 주기적 보 충전이 가능하다.

자동 보 충전은 IG/ON 상태에서 차량에 충전 커넥터를 연결하면 20분에 10회 충전한다. 고전압 배터리가 방전되어 SOC(State of Charge)가 부족할 경우 차량제어기 VCU는 경고등 점등과 파워 제한으로 배터리 충전을 유도하게 된다.

아래 그림 4-56은 저전압 SOC 제어 다이어그램을 나타낸다. 그림에서처럼 배터리 잔량 경고는 SOC가 18%에서 시작되며 파워 다운은 약 5%에서 시작된다. 그리고 운전자에게 배터리 충전 유도 경고는 SOC가 약 7%대부터 경고한다. 물론 이것은 차종과 제어 로직에 따라 다르다.

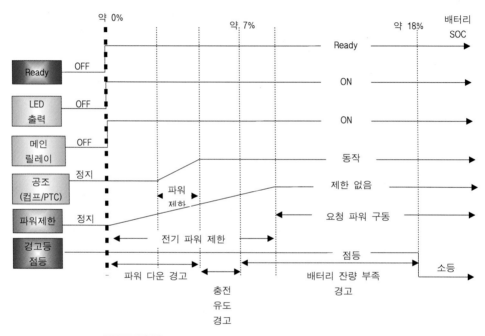

그림 4-56 저 SOC 제어 다이어그램 (출처:현대자동차 GSW)

자동 보 충전은 IG/ON 상태에서 차량에 충전 커넥터를 연결하면 20분에 10회 충전한다. 고전압 배터리가 방전되어 SOC(State of Charge)가 부족할 경우 차량제어기 VCU는 경고등 점등과 파워 제한으로 배터리 충전을 유도하게 된다. 위 그림에서처럼 배터리 잔량 경고는 SOC가 18%에서 시작되며 파워 다운은 약 5%에서 시작된다. 그리고 운전자에게 배터리 충전 유도 경고는 SOC가 약 7%대부터 경고한다. 물론 이것은 차종과 제어 로직에 따라 다르다.

전기자동차 시동이 되기 위한 조건은 먼저 고전압 회로가 정상이고 키 이모빌라이저 인증이 정상이며 VCU로 시동 신호가 입력되어야 한다. 내연기관의 방식과 전기자동차 방식은 차이가 있는데 먼저 내연기관 방식은 SMK가 시동 릴레이를 구동하려면 시동 전원 즉 배터리 12V 전원이 스타팅 모터로 공급되어 엔진을 구동하게 된다. 그렇지만 전기자동차는 SMK 유닛이 스타팅 신호를 차량제어기인 VCU에 보내어 시동을 그림 4-57처럼 완료한다. (Ready 신호를 계기판 출력) SMK는 스마트키 인증 후 운전자의 브레이크 신호와 버튼 신호 및 변속 버튼 P 위치 신호가 정상적으로 입력되면 SSB 버튼을 누르는 순간 시동 신호 전압을 SMK ECU가 12V 전원을 VCU로 출력한다.

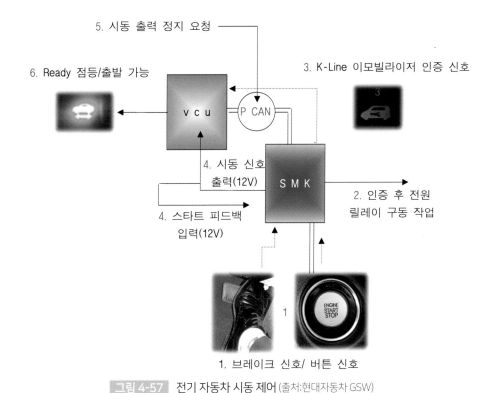

그림 4-57　전기 자동차 시동 제어 (출처:현대자동차 GSW)

이 신호는 시동 퓨즈를 거쳐 VCU로 입력되고 그 신호는 다시 SMK ECU로 피드백 받는데 이 신호가 죽으면 시동이 걸리지 못한다. 따라서 VCU는 PE 회로의 문제점이 없다면 시동 준비 램프를 점등시키고 주행 준비를 끝낸다. 시동은 안전을 위하여 VCU는 SBW에서 P-CAN을 변속 위치를 입력받아 차량을 Ready로 전환된다. Ready는 변속 레버 P단에서만 진행된다.

그림 4-58은 브레이크 신호와 스마트키 버튼 신호가 SMK ECU로 입력되면 SMK의 인증 후 전원이동 릴레이 관련 구동 회로를 나타내었다. 전기자동차의 구동 모터는 전기 자동차에서 동력을 발생하는 장치로 높은 구동력과 출력을 바탕으로 등판 및 가속 등. 고속 운전에 필요한 동력을 제공하여 소음을 최소로 한 정숙한 운전을 제공한다. (엔진이 없고 구동 모터가 그 일을 한다.)

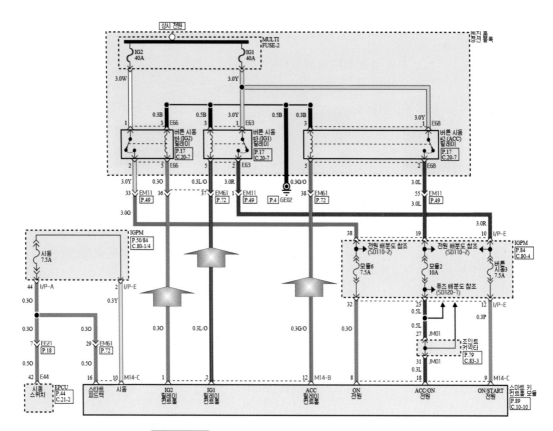

그림 4-58 스마트키 제어 회로 (출처:현대자동차 GSW)

운행하면서 감속 시에는 모터가 발전기로 전환하여 고전압 배터리를 충전함으로써 전비를 향상시키고 주행 가능 거리(DTE)를 증대시킨다. 모터에서 발생한 동력은 감속기와 드라이브 샤프트를 통해 바퀴로 전달한다.

다음 회로 그림 4-59처럼 보조 배터리 충전은 LDC가 담당하며 고전압 케이블의 역할은 구동 모터와 연결된 것으로 색상은 오렌지색이며 파워 고전압 케이블은 주행 조건에 따라 충전과 방전이 이루어지는 경로이며 각각의 케이블은 절연 파괴를 감지하고 고장 코드를 지원한다. 다음은 EPCU 제어와 EV 제어 회로를 나타낸다.

이처럼 전기자동차든 내연기관 자동차든 전기회로의 중요성을 심각하게 느끼고 지금부터 많은 연구를 해야 한다. 실제 전기자동차와 친환경 내연기관 자동차의 고장 개소의 대부분은 배선 간섭, 그리고 배선 핀 접촉 불량이 대부분 차지하였다. 과거 근무할 당시 고장의 대부분이 해당 단품의 주원인이 되었으나 최근 자동차는 해당 단품의 고장이 점차 사라지고 있다. 그래서 더욱이 전기자동차 회로분석과 자동차 제어 로직 이해는 그 무엇보다 중요하다. 하겠다.

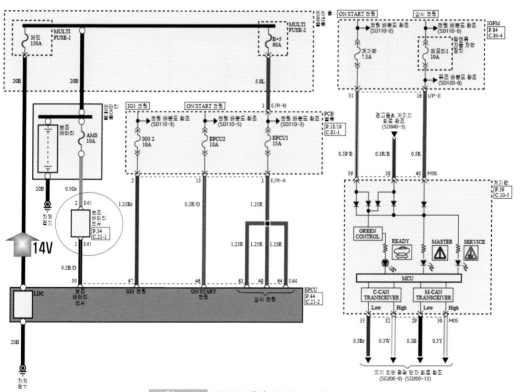

그림 4-59 EPCU 제어 (출처:현대자동차 GSW)

다음 그림 4-60은 EPCU의 패들 스위치를 나타내었다.

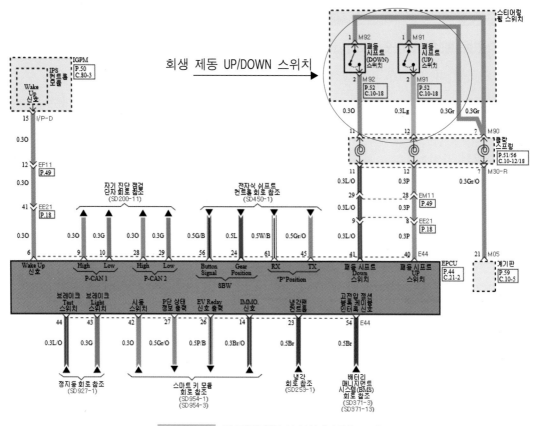

그림 4-60 EV 제어 회로 (출처:현대자동차 GSW)

그림 4-60과같이 EPCU에는 여러 가지 입력신호가 입력되는데 이 제어 신호 어디라도 문제가 발생하면 적절한 제어를 전기자동차나 친환경 내연기관 자동차는 못 하게 된다. 만약 어떤 신호가 잘못 들어오거나 못 들어가면 상황에 따라 림-폼 제어로 적절한 대처를 하게 된다.

모터 온도 센서의 역할은 모터 성능에 큰 영향을 미친다. 모터가 과열되면 회전자와 고정자 코일이 손상되거나 작동 불량의 원인이 된다. 그래서 이를 방지하기 위해 모터의 온도에 따라 모터 토크를 제어할 수 있도록 온도 센서가 내부에 장착된다. 그림 4-61은 모터 제어기 회로를 나타내었다.

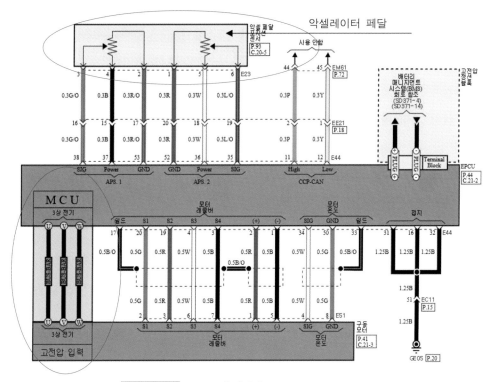

그림 4-61 구동 모터 제어기 (출처:현대자동차 GSW)

모터 제어를 위해서는 정확한 모터 회전자 위치 검출이 필요하다. 그래서 레졸버를 이용하여 회전자의 위치 및 속도 정보를 통해 MCU는 최적의 모터를 제어할 수 있도록 돕는다. 레졸버는 리어 플레이트에 주로 장착되며 모터의 회전자와 연결된 레졸버 회전자와 하우징(Housing)과 연결된 레졸버 고정자로 구성되어 내부 회전자 위치를 파악한다.

EPCU는 전력 변환 시스템으로서 인버터(MCU), 저전압 직류 변환 장치(LDC), 차량제어 유닛(VCU)이 통합되어 있다. 인버터(MCU)는 전기차의 구동 모터를 구동시키기 위한 장치로서 고전압 배터리의 직류(DC) 전력을 모터 구동을 위한 교류(AC) 전력으로 변환시켜 유도 전동기를 제어한다.

따라서 고전압 배터리로부터 받은 DC 전원(+), (−)을 이용하여 3상 AC 전원(U, V, W)으로 변환시킨 후에 제어 보드에서 입력받은 신호로 3상 AC 전원을 제어함으로써 구동 모터를 구동시킨다. 가속 시에는 고전압 배터리에서 구동 모터로 에너지를 공급하고 감

165

속 시에는 구동 모터에서 발생한 에너지를 다시 고전압 배터리로 충전함으로 주행 거리를 늘리는 것이다.

결국, 구동 모터 제어는 VCU(Vehicle Control Unit)의 배터리 가용 파워, 모터 가용 토크, 운전자 요구(가속페달 개도, 브레이크 스위치 밟는 정도, 변속 레버 정보)를 고려한 모터 토크 지령 계산한다.

BMS(Battery Management System)는 VCU의 모터 토크 지령 계산을 위한 배터리 가용 파워 및 SOC 정보를 제공한다. 이를 토대로 MCU(Motor Control Unit)는 VCU의 모터 토크 지령 계산을 위한 모터 가용 토크 제공으로 VCU로 부터 수신한 모터 토크 지령을 구현하기 위해 인버터 PWM 신호 생성한다.

다음은 고전압 배터리 IG3 릴레이를 나타내며 완속 충전 OBC 회로이다. 이처럼 전기자동차 정비에 있어 전기자동차 회로분석은 날이 갈수록 많은 것을 차지할 것이다.

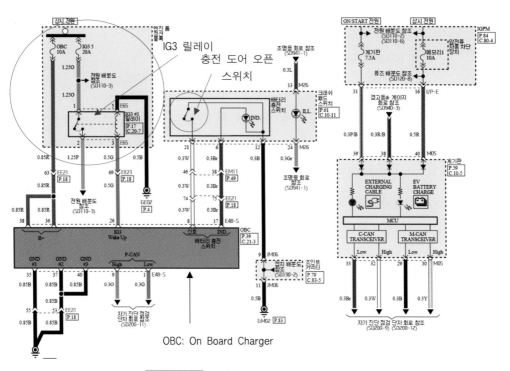

OBC: On Board Charger

그림 4-62 충전 회로 1 (출처:현대자동차 GSW)

충전 시스템에는 급속 충전과 완속 충전으로 두 가지 방식으로 충전을 하는데 회로에서
처럼 완속 충전기, 고전압 릴레이(+), (-) 급속 충전 터미널, 완전 충전 터미널, IG3 #1,
2, 3으로 구성된다.

완속 충전 시에는 완속 충전기(OBC)를 통하여 가정용 220V 교류 전원이 직류 전원으
로 변경된다. 따라서 급속 충전에서는 급속 충전기가 차량에 따로 있는 것이 아니고 차량
외부에 있는 충전소를 통해서 직류 전원을 바로 받게 된다.

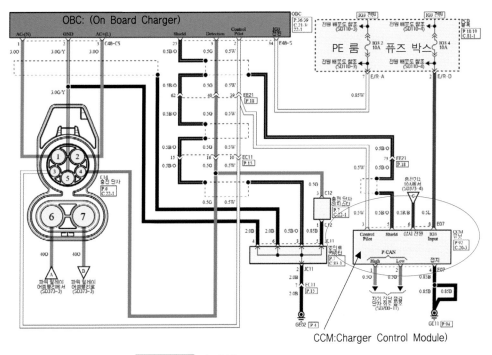

그림 4-63 충전 회로 2 (출처:현대자동차 GSW)

완속 충전과 급속 충전을 하게 되면 운전자와 주변 안전을 위해 차량을 운행할 수 없고
또한 급속 충전과 완속 충전을 동시에 할 수 없게 제어하는데 그 제어기는 BMS ECU와
IG3 #1, 2, 3이다.

충전 포트는 차종에 따라 다르나 프론트 범퍼 좌측 상단에 장착되며 ICCB를 완속 충전
포트에 연결하거나 급속 충전 커넥터를 급속 충전 포트에 연결하면 충전이 시작된다. 충
전 컨트롤 모듈(CCM)은 차량에 따라 장착 위치는 다르며 해당 차종의 경우 크래쉬 패드
로어 패드 안쪽에 장착되며 콤보 타입의 충전기에서 나오는 PLC 통신 신호를 수신하여

CAN 통신 신호로 변환해주는 역할을 한다.

급속 충전은 별도로 설치된 급속 충전 스탠드를 이용하여 고전압 배터리를 직접 DC 전압으로 충전하는 방식이다. 따라서 급속 충전 포트를 통해 배터리로 곧바로 연결됨으로 배터리 보호를 위해 배터리 용량(SOC)의 약 84%까지만 충전이 된다. 1차 급속 충전이 끝난 후 2차 급속 충전을 또 하면 SOC를 약 95%까지 충전할 수 있다.

완속 충전기(OBC)는 차량에 설치되며 완속 충전은 외부의 220V의 교류 전압을 이용하여 자동차 탑재형 완속 충전기(OBC)를 통해 배터리를 충전하는 방식이다. 완속 충전기는 주차 중 AC110~220V 전원으로 전기 자동차의 고전압 배터리를 충전할 수 있는 차량 탑재형 충전기로 최대 출력이 7.2 kw, 효율 91%의 특성을 갖는다.

그림 4-64는 고전압 배터리 급속 충전 시 회로도를 나타낸다. 급속 충전 (+) 릴레이와 급속 충전 (-) 릴레이를 제어하여 고전압 정선 블록에서 고전압 배터리로 직류 약 360V 전원을 공급한다.(참고 급속 충전 스텐드 충전 표시 예: 현 충전 정보 표시(66%), 충전 시간(00:32:44), 충전량(17.57), 전력(21kW), 전류(61A), 설정 금액, 충전 금액(4,492) 전압(353V) 등이 나타난다.)

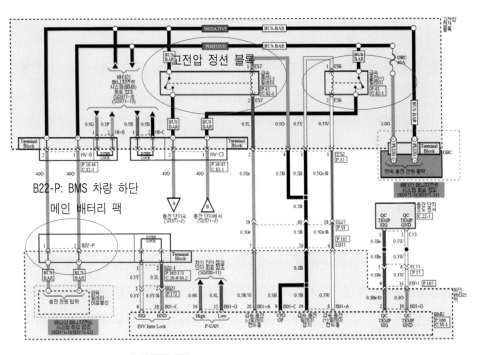

그림 4-64 충전 회로 3 (출처:현대자동차 GSW)

　　IG3 릴레이를 통해서 제어된 IG3 신호는 저전압 직류 변환 장치(LDC), BMS ECU, 모터 컨트롤 유닛(MCU), 자동차 제어 유닛(VCU), 완속 충전기(OBC)를 활성화시키고 차량의 충전을 원활하게 한다. 다음은 각 부품의 장착 위치를 나타낸다.

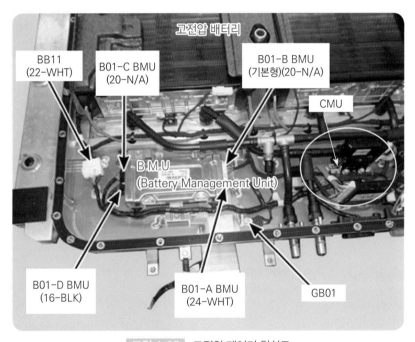

그림 4-65　고전압 제어기 위치도

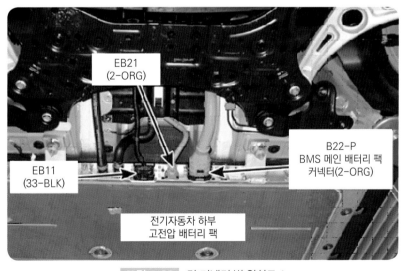

그림 4-66　각 커넥터 별 위치도 1

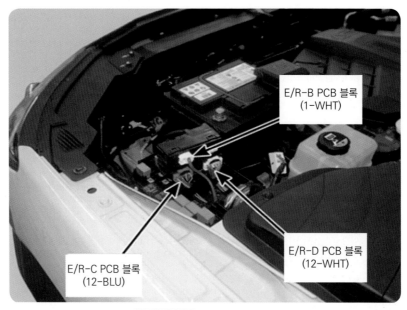

그림 4-67 엔진 룸 = PE 룸

　　IG3 릴레이는 전기 자동차에만 있는 릴레이로 저전압 직류 변환 장치(LDC), BMS 컨트롤 모듈, 모터 컨트롤 유닛(MCU), 완속 충전기(OBC), 급속 충전기가 신호를 받게 된다. 어쩌면 친환경 자동차 내연기관에는 없는 릴레이로 전기자동차 충전에 필요한 릴레이라고 보면 될 것이다.

　　전기자동차는 충전하기 위해 IG3 릴레이 신호를 받음으로 각종 제어 유닛은 동작하게 되고 충/방전 및 전기자동차 주행도 가능하게 한다. 점화 스위치를 통해 공급되는 과거의 IG1, IG2 신호만으로는 전기자동차 주행 및 충전이 불가능하다. 전기자동차 충전은 자동차에서 생명과 같아 IG3 # 1, 2, 3의 역할은 다음과 같다.

　　IG3 # 1 릴레이는 완속 또는 급속 충전 중일 때를 제외하고 고전압을 제어하는 여러 제어기가 작동하는 조건에서는 IG3 # 1 릴레이를 통해서 IG3 전원을 공급받는다.

　　IG3 # 2 릴레이는 완속 충전 시에 IG3 전원을 공급하기 위해 작동한다.

　　IG3 # 3 릴레이는 급속, 완속 충전 시에 IG3 전원을 공급하기 위해 작동한다.

다음은 그림 4-68은 IG3 # 1, 2, 3 릴레이 장착 위치를 나타낸다. 정비하는 데 있어 부품의 장착 위치는 그 무엇보다 중요하다. 어디에 무엇이 있는지 알아야 점검할 수 있으니 말이다.

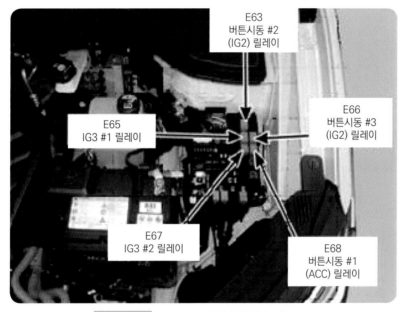

그림 4-68 IG3 # 1, 2, 3 (출처:현대자동차 GSW)

급전기자동차 급속 충전 시에는 충전기 내에서 12V 전원을 인가하고 BMS는 PRA 내부의 급속 충전 전용 릴레이와 메인 릴레이를 ON 한다. BMS는 IG3 릴레이를 ON하고 동시에 충전과 관련된 제어기에 전원 공급되어 충전이 이루어지는데 급속 충전기에서 약 DC 450~500V/200A로 충전된다. (충전 시 급속 충전기에서 Wake up 신호 12V 출력)

제어기 전원공급 개략도는 그림 4-69와 같다. 전기자동차는 전장품을 구동하는 기본 전원과 기존 버튼 엔진 시동 시스템이 적용된 차량과 일부 동일한 방법으로 제어된다. 스마트키 인증된 상태에서 버튼(SSB)을 누르면 해당 릴레이를 구동하여 ACC, IG/ON,

OFF 순으로 반복된다.

전기 자동차는 IG/OFF 상태에서도 고전압 배터리 충전 및 원격제어를 수행해야 한다. 그러므로 SMK가 제어하는 릴레이를 구동하여 차량에 전원을 공급하게 되면 EV 제어에 필요한 제어기뿐 아니라 전기 자동차 전체 제어기가 동작되어 원치 않는 전력 소비와 시스템 오작동을 발생시킬 수 있을 것이다. 하여 IG3 릴레이를 적용하여 배터리 충전 및 원격제어 시 해당 제어를 수행하는 제어기가 릴레이를 구동하여 EV 제어를 수행하는 제어기만의 전원을 공급한다.

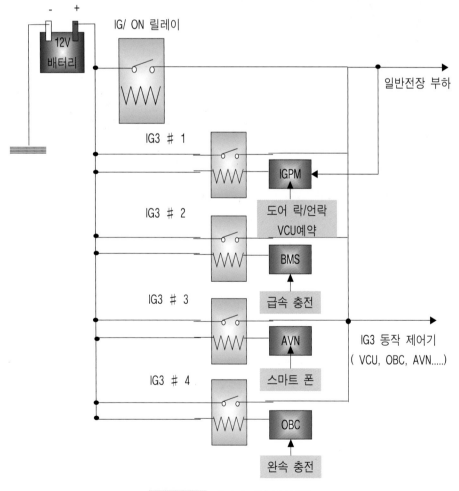

그림 4-69 제어기 전원공급 블록도

IG3 릴레이는 병렬로 연결되어 있어 어느 하나의 릴레이가 구동되면 각 제어기로 전원이 공급된다. 각 릴레이 역할 및 구동 시기를 살펴보고자 한다.

먼저 IGPM의 제어는 IG3#1 릴레이가 제어하며 IG/ON 시, 예약 공조나 예약 충전 시 작동한다. 또한, EPCU의 Wake up 도어 락/언락 시 작동하는 릴레이이다.

BMS 급속 충전 시 제어하는 릴레이는 IG3#2 릴레이로 급속 충전기 체결 시 작동하는 릴레이이다. AVN을 제어하는 릴레이는 IG3#3 릴레이로 블루링크를 통해 원격으로 충전 및 예약 공조 신호가 수신되면 릴레이를 구동하여 제어기로 전원을 공급한다.

OBC 완속 충전의 경우 제어하는 릴레이는 IG3#4 릴레이로 차량 전원 OFF 시 완속 충전기를 차량에 연결하면 동작하는 릴레이이다. 전기자동차 제동력 분배는 기존의 내연기관 자동차와는 좀 다르다. 왜냐하면, 내연기관 자동차는 진공 배력 장치가 달려 페달의 답력을 보조하였다. 고속으로 달리는 자동차를 운전자의 오른발 힘으로 차량을 세운다는 것은 힘든 일이다. 진공 배력 장치 브레이크 부스터가 있어 가능했다.

전기 자동차는 이와는 달리 진공을 만들 수 없고 만들어 사용한다고 하여도 비용과 효율적 부분에서 가치가 떨어진다. 운전자가 브레이크를 밟으면 운전자의 제동 에너지와 모터에 의한 회생 제동이 적절히 제어되어야 편의성과 안정성을 확보할 수 있을 것이다. 따라서 전기자동차 제동은 운전자 요구 제동력은 유압 제동력과 회생 제동력을 합친 것을 말한다. 제동을 시작해서 차량이 정지하기까지 유압 제동력과 회생 제동(모터)이 언밸런스 하지 말아야 할 것이다.

회생 제동(Regenerative Braking)이란 감속 또는 운전자가 제동 시 전기모터가 발전기 역할을 하여 차량의 운동에너지를 전기에너지로 변환시켜 고전압 배터리를 충전하는 것을 말한다.

모터의 회생 제동량은 발전을 통하여 모터의 감속이 발생하고 회생 제동량은 차량의 속도와 VCU의 배터리 충전량 등에 의해 결정된다. 운전자가 지금 필요한 제동력을 사용하기 위해서는 운전자 요구 제동력에서 회생 제동력을 뺀 값이 유압 제동력으로 전환하면 된다. 따라서 소프트웨어(software)적인 계산이 필요하다. 만약 고장으로 회생 제동이 되지 않을 경우 대비하여 유압 제동력으로 제동력을 발생시킨다.

그래서 전기자동차의 제동력은 유압 제동력과 모터의 회전 부하일 것이다. 이때 대부분 제동력은 유압 제동력이 선행하지 않으며 회생 제동력이 먼저 나타나고 유압이 공존하며 유압 제동력으로 정지하게 된다.

운전자 제동 시 가속 후 가속페달에서 발을 떼고 그다음 브레이크로 옮겨짐으로 이때 가속페달에서 발을 떼는 순간 회생 제동이 진입됨으로 적절한 분배가 필요하다. 그래서 전기자동차는 브레이크 마스터 실린더 대신하여

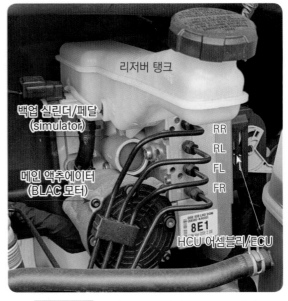

그림 4-70 IEB(Integrated Electronic Brake)

IEB(Integrated Electronic Brake)를 적용하였다.

기존의 하이브리드(hybrid) 시스템의 경우 제동 압력 충전 탱크를 사용하여 전동식 모터를 사용했다. 그래서 제동 압력 공급 부와 제어부 이를 VDC 또는 ESC(Electronic Stability Control)가 분리된 시스템으로 2개에서 3개 모듈이 존재했었다. 이로 인해 중량과 공간 협소가 발생하였고 이를 보완하기 위해 1개의 모듈로 구성된 IEB 시스템을 적용하였다.

이에 더욱더 정교한 제동력을 얻을 수 있고 PE 룸 내부 공간을 적절히 활용할 수 있다. 만약의 사태에 대비하여 시스템 전력이 중단되어도 위험한 상황에서 운전자가 페달을 밟아 페달의 힘이 각 바퀴에 전달되어 제동될 수 있도록 만들었다. 운전자의 안전을 위해 고려하였다.

그럼 제동 시 1단계는 운전자의 요구와 회생 제동이 같아야 하므로 회생 제동과 유압 도입부는 압력이 증가하여 이후 감소하며 정지 시 유압 브레이크 유압이 빠른 유압 증가 형태의 유압 브레이크 제어로 운전자의 요구에 의한 유압 제동이 발생한다. 따라서 운전자가 브레이크 페달을 밟으면 IEB는 회생 제동 협조 제어를 통한 연비 향상을 목적으로 유압 제어를 감압하여 바퀴 제동을 돕고 차량 구동 모터는 회생 제동을 실시한다.

회생 제동 협조 제어/연비 향상

브레이크
페달

유압 제어 감압

운전자 브레이크
페달 밟음

회생
제동

구동 모터

그림 4-71　전기자동차 제동 협조 제어

그림 4-71은 전기자동차 제동 협조를 나타내었다.

브레이크 페달에는 스트로크 센서가 장착되는데 운전자 요구 제동력을 검출한다. 메인 액추에이터 작동은 먼저 브레이크를 밟으면 모터가 회전하고 볼 스크류(Ball Screw)가 전, 후진하게 된다. 이때 내부 센터 피스톤이 앞, 뒤로 움직여 캘리퍼로 제동 압력 생성 또는 해제한다. 그림 4-72처럼 이 부분이 메인 액추에이터 부분이다.

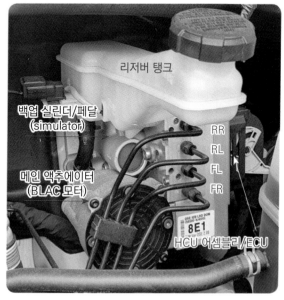

그림 4-72　IEB(Integrated Electronic Brake)2

그리고 백업 실린더 및 페달 시뮬레이터는 운전석 브레이크 페달과 연결되는 부분인데 페달 시뮬레이터는 진공 부스터 작동감을 모사한 것이며 백업 실린더는 ECU 및 메인 액추에이터 고장 시 제동 압력을 생성해야 하므로 백업 실린더를 만들었다. 그림 4-73은 통합형 전동 브레이크 작동 개요를 한눈에 알 수 있다.

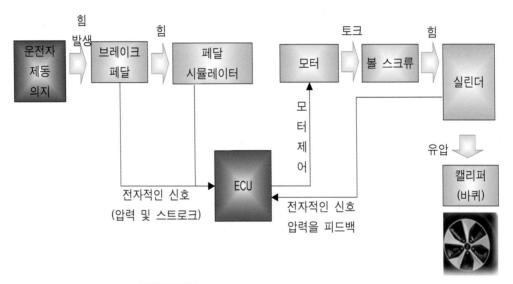

그림 4-73 통합형 전동 브레이크 작동 (diagram)

　내부 볼 스크류를 작동하기 위한 모터는 BLAC 모터로 메인 실린더 유압을 내부 피스톤이 복동식으로 가압하는데 제동 유압은 약 180 Bar이다. 전기자동차는 제동장치 단품 분해 시 기존 친환경 내연기관 자동차와 공기/배기 작업에 차이를 보인다.

　그럼 에어 빼기(Air Bleeding) 작업은 어떻게 할까?

　그에 앞서 주의 사항으로는 반드시 배출된 브레이크액 재사용 금지한다. 브레이크액은 항상 정품으로 교환한다. 브레이크액 리저브 캡을 열기 전에 반드시 리저브 캡 주위의 이물질을 먼저 제거한다. 사용할 브레이크액은 미리 개봉하지 않는다. 브레이크액이 차량이나 신체에 접촉되지 않도록 하고 접촉되었다면 그 즉시 물로 닦아 낸다. 에어 빼기 작업을 할 때 브레이크액 리저브 탱크의 "MIN" 이하로 브레이크액이 떨어지지 않도록 주의해야 한다. 공기 유입이 지속적으로 발생한다. 그리고 브레이크액 보충을 위해 리저브 캡을 탈거할 때는 반드시 특수 공구의 에어 차단 밸브를 닫고 리저브 캡을 탈거한다.

자! 그럼 전기자동차 브레이크액 에어 빼기 작업은 1차 에어 빼기 작업과 2차 에어 빼기 작업으로 구분되는데 먼저 12V 보조 배터리(-) 케이블을 분리한다. 그리고 1차 에어 빼기 작업을 실시한다. 작업을 끝내고 다시 12V 보조 배터리(-) 케이블을 연결한다. 마지막으로 손상된 부분이나 누유를 점검한다.

그럼. 본격적으로 1차 에어 빼기 작업을 설명하겠다. 리저브 액량을 확인하여 "MAX"까지 브레이크액을 채운다. 이때 흐르지 않도록 주의한다.

통합형 전동 브레이크(IEB) ECU를 OFF 하기 위해 시동을 OFF하고 배터리 12V (-) 케이블을 반드시 분리해야 한다. 이유는 (-)케이블 미분리 시 가압한 장비로 가압할 경우 IEB 압력 센서에 가압한 압력이 센싱되어 BLAC 모터가 오 작동하게 된다. 반드시 명심해야 한다.

브레이크액 에어 빼기 작업용 용기의 호스를 캘리퍼의 에어 빼기 스크류에 연결한다. 가압 주입 장비를 이용하여 리저브 유압을 3~5 Bar로 가압한다. 가압한 압력으로 각 캘리퍼의 에어 빼기 스크류를 열어서 투명 호스에 공기가 섞여 나오지 않는 범위에서 브레이크액을 빼낸다. 바퀴 4개의 순서로는 FR, FL, RL, RR 순으로 하되 약 15초 동안 바퀴 스크류를 열었다 스크류를 잠근다.

2차 에어 빼기 작업에서는 12V 배터리(-) 케이블 연결한다. 통합형 전동 브레이크(IEB) ECU를 ON 하기 위해 시동을 OFF 한 상태에서 배터리 12V(-) 케이블을 연결한다.

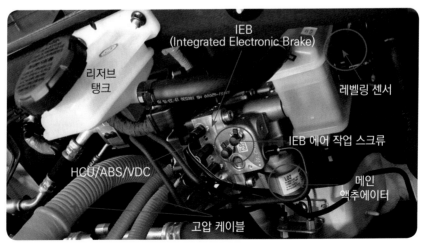

그림 4-74 IEB(Integrated Electronic Brake)3

에어 빼기 모드로 진입하는데 먼저 준비 모드라 함은 시동 ON 상태에서 핸들 직진 기어를 P 단 설정한다. ESC(VDC) OFF 스위치를 누르고 있는 상태에서 브레이크 페달을 풀 스트로크로 10회 정도 작동한 다음 시동을 OFF 한다. 이때 브레이크 밟을 때 에어 빼기 진입 과정에서 IEB 작동음이 발생하나 고장이 아니다. 브레이크 밟을 때 페달 높이 스트로크는 40mm 이상 해제할 때는 10mm 이하로 밟는다.

시동 ON 후 ECS OFF 스위치를 ON 하여 ECS OFF 스위치를 1회 눌러 준다. 모드 진입 시 ECS OFF 램프, ABS 경고등, 주차브레이크 경고등/브레이크 경고등 ON을 통하여 에어 빼기 모드로 진입을 확인할 수 있다. 이 모든 공정이 P 단 설정부터 약 30초 이내에 이루어져야 에어 빼기 모드로 진입한다. 매우 중요하니 알아두길 바란다.

〈표 4-2〉 공기 빼기 방법(Air Bleeding)

구 분	공기 빼기 1	공기 빼기 2
공기 빼기	마스터실린더와 페달 시뮬레이터	IEB와 고압 배관
배터리(12V) 마이너스 케이블	분리	연결
I E B ECU	OFF	ON
솔레노이드 밸브	닫힘 상태	열림 상태

에어 빼기 모드 해제 방법은 시동 OFF 또는 D/R/N 단 진입 시, 또는 고장 코드 검출 시, ESC OFF 모드 해제 시인데 이들 중 하나라도 해당하면 에어 빼기 모드가 해제된다.

이렇게 4개의 바퀴 모두 에어 빼기를 한 이후 진단 장비(GDS)를 가지고 액티브 하이드로 부스터 모드로 진입하여 HCU 내부 에어 빼기 작업을 선택하고 실시한다. 이 작업의 목적은 IEB와 고압 배관에 남아 있을 공기를 제거하는 것인데 내부 오일을 리저브로 재순환 시켜 미세 공기를 제거하는 역할을 한다. 브레이크액을 너무 많이 넣으면 역류할 수 있으니 주의가 필요하다.

자. 그럼 주요 서비스 정보를 보면 전기 자동차는 브레이크 스위치와 별도로 브레이크 페달 스트로크 센서(PTS: Pedal Travel Sensor)가 추가로 장착된다. 먼저 이 센서는 브레이크 페달 상단에 장착되며 브레이크 페달을 밟았을 때 움직임의 거리를 측정하여 운

전자가 원하는 제동력을 계산하는 데 사용된다. 정비 시 조립한 오차로 제동 응답성이라고 할까 민감하거나 둔감할 수 있다. 하여 교환 후 영점 보정은 반드시 실시해야 한다. 영점 보정 하지 않으면 회생 제동 제어와 ECS 기능 작동을 제한한다. 이때는 고장 코드 출력 및 경고등 점등된다.

압력 센서는 내부에 장착되며 내부 유로의 압력을 측정하는 역할을 한다. 압력 센서에서 측정된 액의 압력은 IEB 작동 상태를 모니터링하거나 ECS 기능을 제어하는 데 사용한다. 그러니 IEB를 교환하면 반드시 압력 센서는 영점 조정을 해야 하며 실시하지 않을 경우 회생 제동 협조 제어와 ESC 기능이 제한된다. 물론 고장 코드 출력 및 경고등이 점등된다.

진단 장비를 활용하여 시스템 액티브 하이드로 부스터 진입한다. 데이터 설정에 압력 센서 및 PTS 센서 영점 조정 설정을 클릭한다. 실행 조건을 읽고 만족하면 진단 장비의 화면에 확인을 클릭한다. 정상적으로 영점 조정이 완료되면 영점 조정이 완료되었다고 문구를 띄운다. 다음은 최근 네트워크 구성을 알아보자.

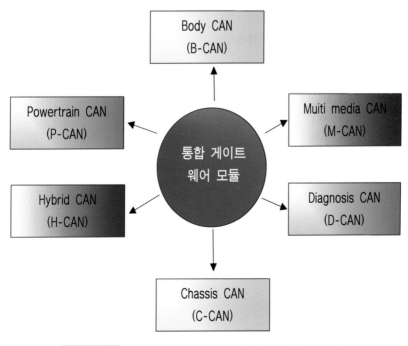

그림 4-75　CAN 네트워크 구성과 통합 게이트웨어 모듈 적용

먼저 P-CAN(동력 계통 제어기), C-CAN(주행 안전 제어기로 구성), H-CAN(다기능 체크 커넥터/ EPCU 업그레이드용), D-CAN(차량 진단 장비와 게이트웨이 모듈 연결)으로 구성되며 통신 구분으로는 High Speed CAN이며 통신 주체는 멀티 마스터로 Twist Pair Wire 2개의 선으로 차량에 설치된다. 통신 속도로는 500 Kbit/s(최대 1 Mbit/s) 기준 전압으로는 2.5V이며 통신 라인 고장에 민감하며 통신 라인 불량 시 네트워크가 마비된다.

게이트웨이(Gateway)란 서로 다른 프로토콜을 사용하는 네트워크 간의 통신을 중계하는 장치이며 소프트웨어이다. 넓은 의미로는 종류가 다른 네트워크 간의 통로 역할을 하는 장치이다.

B-CAN(바디 전장 제어기 구성), M-CAN(멀티미디어 제어기 사용)은 통신 구분으로 Fauit-Tolerant(故障許容限界=고장허용한계) 고장허용한계로 부분적인 고장인 경우에도 시스템이 올바르게 실행(고장용인)하는 통신 구분을 말하며 통신 주체는 멀티 마스터로 Twist Pair Wire 2개의 선으로 차량에 설치된다.

통신 속도로는 약 100 Kbit/s (최대 125 Kbit/s) 통신 기준 전압은 0V/5V이다. 통신 라인 고장 대응으로 둘 중 한 개의 선 고장 시 통신이 가능하다. 자. 그럼 지금까지 전기자동차 기본적 내용을 알아보았다. 현장 과제를 통하여 학습하자.

과제 1 **해당 전기자동차의 회로를 분석하고 파워 릴레이 어셈블리 (PRA)에서 해당하는 저항을 표에 맞추어 측정하시오. (고전압 차단하고 감전 주의)**

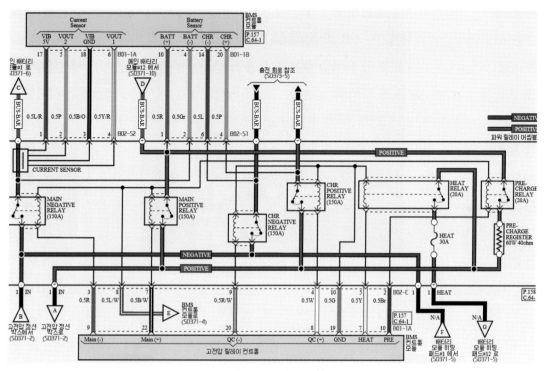

그림 1. BMS의 PRA 회로

📚 표 1. 과제

구 분	해당 차종(EV)	해당 차종(EV)	비교값(Ω)
급속충전 릴레이(+, −)			23.5
프리챠지 릴레이			60
메인릴레이(+, −)			23.5
승온히터 릴레이			103 (정격용량 5A)
프리챠지 저항			40

과제 2 콤보 타입 인렛 회로에서 콤보 단상(내수/북미)의 충전구 형상을 나타내었다. 표에 맞추어 작성하시오. (전기자동차의 회로를 분석 고전압 차단하고 감전 주의)

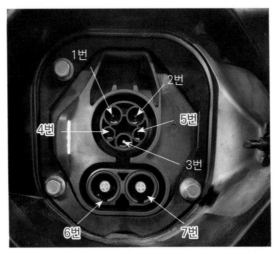

그림 2. 콤보 타입 충전구

📖 표 2. 과제

구 분	콤보 타입 단상	비 고
1번	AC, 220V	
2번		
3번		
4번	신호선(CP)	CP(Control Pilot) : EV연결 확인/충전 준비상태 확인단자
5번	신호선(DP)	PD(Proximity Detection) : 충전케이블 연결 여부를 확인 단자
6번		
7번		
8번		
9번		

과제 3 구간별 충전 시 과정을 쓰시오.

1. 급속 충전 시 과정

❶ 급속 충전포트 ➡ ❷ 고전압 정션 블록 (   )

❹고전압 배터리 충전 ⬅ ❸ PRA (메인 릴레이+, −)

그림 3. 급속 충전 과정

 과제 4 구간별 완속 충전 시 과정 빈칸을 작성하시오.

2. 완속 충전 시 과정

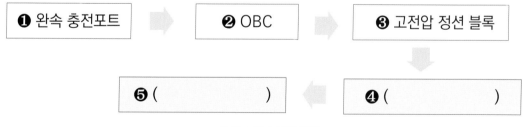

❶ 완속 충전포트 ➡ ❷ OBC ➡ ❸ 고전압 정션 블록

❺ (   ) ⬅ ❹ (   )

그림 4. 완속 충전 과정

과제 5 다음은 고전압 회로의 부품 명칭을 구성하였다. 기능을 설명하시오.

표 3. 과제

구 분	내 용	비 고
BMU 기능		
CMU 기능		

과제 6 구간별 일반 주행 시 과정 빈칸을 작성하시오.

일반 주행 시

❶ 고전압 배터리 ➡ ❷ PRA( ) ➡ ❸ 고전압 정션 블록

❹ (EPCU 모터)

❺ LDC (12V 배터리 충전) ⬅ ❹ (PTC 히터)

❹ (전동식 컴프레서)

그림 5. 일반 주행 시 고전압 회로

과제 7 전기자동차 BMS에서 시동 시 해당 고전압 릴레이 파형을 측정하여 빈칸을 작성하시오.

표 4. 과제

측정 위치	측정 파형 그리기(시간 축: m/s, 전압: V)	비 고
프리챠지 릴레이	전압 V 시동시점 시간 m/s	
메인 릴레이(+)	시간 m/s	
메인 릴레이(-)	시간 m/s	

과제 8 전기자동차 메인 배터리 어셈블리에서 회로도 B12-A 커넥터 셀 모니터링 전압 파형을 측정하여 작성표에 그리시오. (CMU: Cell Monitoring Unit)

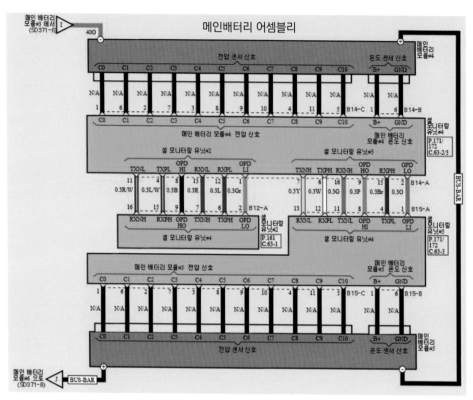

그림 6. 메인 배터리 회로도(참고문헌:현대, 기아자동차 GSW)

표 5. 과제(OPD: Overvoltage Protection Device)

측정 부위	핀 색상	(전압: V) (오실로스코프 평균값)	비 고
B12-A 커넥터 2번			
B12-A 커넥터 6번			
B12-A 커넥터 7번			
B12-A 커넥터 9번			
B12-A 커넥터 15번			
B12-A 커넥터 16번			

과제 9 **전기자동차 메인 배터리 어셈블리에는 OPD(Overvoltage Protection Device) 스위치가 장착되는데 해당 배터리에 표시하고 과제를 작성하시오. (스위치를 그림 4. 에 표시하시오.)**

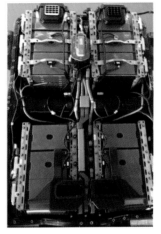

그림 7. 고전압 배터리

표 6. 과제

구 분	수량 및 기능 설명
OPD 스위치 수	
OPD 스위치 설명	초기 배터리는 과충전에 의한 배터리 팽창을 감지 하기 위한 스위치 적용

 과제 10 **해당 전기자동차 배터리 BMU(Battery Management Unit)와 CMU(Cell Monitering Unit) 위치를 표시하고 모듈의 기능을 확인하시오.**

표 7. 과제

구 분	기능	갯 수	비 고
BMU	배터리제어 및 타 다른 제어기 통신	1개	구형
CMU	셀 밸런싱과 모듈 온도 관리	10개	

❶고전압 배터리
❷동그라미 안에 표시하시오.

그림 8. 고전압 배터리 BMU와 CMU 장착 위치

과제 11 **해당 전기자동차 클러스터 형상을 보고 괄호 안에 번호별 나타내는 의미를 쓰시오.**

그림 9. 전기자동차 클러스터 정보

표 8. 과제

구 분	기능 설명	비 고
❶ 번	고전압 배터리 SOC	
❷ 번	에너지 흐름도	
❸ 번	( )제동량 표시	
❹ 번	( )가능 거리	
❺ 번	시스템 경고등	
❻ 번	구동 파워 게이지	
❼ 번	( )다운 램프	

과제 12 **해당 전기자동차 경고 지시 등을 보고 명칭을 쓰시오.**

표 9. 과제

형 상	명칭/ 역할	제어기
	Ready /( )	VCU
	고전압 배터리 잔량 경고등/ SOC가 약 13%이하 점등 차량 충전 유도	VCU
	충전 상태 표시/ 배터리 충전기 충전 중일 때 점등/ 녹색:( )완료, 적색:( )중	BMS
	서비스 램프/ MCU, VCU, BMU, LDC, OBC, 에어컨 컨트롤에서 고장이 감지될 경 우점등	각 제어기
	배터리 과열 경고등/ 배터리 과열로 위험	VCU
	파워 다운/ 배터리 잔량이 약 ( )% 이하 점등	( )

제5장

자율주행 자동차
개념

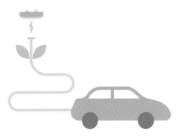

제5장

자율주행 자동차 개념

1 자율주행 자동차 개요

자율주행 자동차(Autonomous Driving Vehicles) 운전자가 별도의 조작 없이 자동차 스스로 주변 환경을 인식하여 주행 경로를 계획하고 위험을 판단 스스로 운행이 가능한 자동차를 말한다.

자율주행의 단계별 진화과정이 있는데 여기서는 현재 운행하는 능동형 자율형 자동차 진단 기술 과정으로 일선에서 정비하는 정비사에게 좀 더 많은 도움이 되고자 현장 실무형 정비지침서를 만들어 실습을 병행했으면 한다. 최근 출시되고 있는 첨단 운전자 지원 시스템의 핵심 기술(ADAS:Advanced Driver Assistance Systems)을 알아보자.

그림 5-1은 자율주행 자동차의 주행 조건에 따른 주행 프로세스를 나타내었다. 자율주행 자동차의 발전단계는 보통 5단계에서 6단계로 구분하고 있는데 책임 주체가 누구냐에 따라 달라진다.

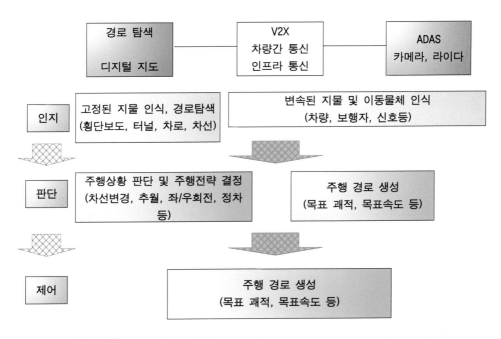

그림 5-1 자율주행 프로세스(ADAS:Advanced Driver Assistance Systems)

자율주행 자동차는 스마트카, 무인 자동차, 커넥티드카 등과 같은 비슷한 유형에 혼돈이 되곤 한다. 스마트제어를 통한 스마트자동차는 위치정보 제공 시스템(GPS), 장애물과 충돌 감지 등의 첨단 기술을 기반으로 자동차 운행의 효율성을 높이는 자동차로 우리가 알고 있는 자동차와 다르지 않다.

　　무인 자동차와 자율주행 자동차는 운전자가 없이 자동차가 운행하는 것은 동일한데 무인 자동차의 경우는 그 조종자가 자동차 내부에서 이루어지는 것이 아니라 외부에서 이루어진다는 점이 차이이다. 다음은 레벨별 자율주행 차량의 단계를 해석했다.

〈표 5-1〉 미국교통안전국이 제안한 자율 주행 차량의 단계

항목	Level-1	Level-2	Level-3	Level-4
운전자 모드	핸들-on Feet-on Eye-on	핸들-on Feet-on Eye-on	핸들-on Feet-on 자율주행 환경에서 Eye-on	핸들-on Feet-on Eye-on
운전자 역할	직접 운전	운전자 주행상황 항상 주시	운전자 자동 운전 결정 (자율주행 환경에서만)	운전자 자동운전 결정 (자율주행환경에서)
제어 주체	운전자/자동차	자동차	자동차	자동차
도입 현황	현재 제네시스 차량 도입	2020년 상용화 GM 캐딜락, 슈퍼 쿠르즈 기능	구글 자율 주행 자동차 테스트 단계	개발단계
책임 주체	운전자	운전자	운전자 혹은 자동차	자동차
Morgan Stanley Forecast	~2016년 제한적 자율 주행	2015~2019년 제한된 적용 (자율 주행 기술 도입)	2018년~2022년 자율 주행 자동차 기술 완성 예정	2026년 이후(인프라 법적 환경 마련)

　　따라서 자율주행 자동차가 최 고도로 발전된 상황에선 자동차 안에 있는 사람은 단순히 승객에 불과하므로 더 가서는 실질적으로 무인 자동차와 동일한 시스템으로 흘러갈 것이다.

 자동차 산업이 발전하면서 차량의 성능, 편의, 안전, 연비 부문에서의 기술은 앞으로 갈수록 발전할 것이다. 지금까지 자동차를 운전한다는 것은 사람이 주체가 되어 이루어지는 상황들이었다.

 앞으로 자율주행 자동차의 바탕에 깔린 슬로건(Slogan)은 차량 외부 조건을 인지하는 과정과 이러한 정보를 기반으로 외부 조건에 따른 어떤 운전 해야 할지 판단하여 가는 과정이라 할 것이다. 운전자에게 자유를 가지게 하고 최상의 안전을 제공하며 생활 공간적 측면에서 가정집 소파에 앉아 가는 느낌을 받을 것이다.

 그럼 현재 자율주행과 관련된 편의/안전시스템인 ADAS(Advanced Driver Assistance Systems) 시스템을 알아보도록 하자.

 이 시스템을 구체적으로 정의하면 차량 외부환경과 운전자 상태를 분석하여 주행 및 주차에 대하여 계기판 화면 표시, 시야 확보, 경고, 주행 가이드 제어를 해주는 시스템이다. 최근 들어 제작사에서 많이 사용하고 있는 시스템은 스마트 크루즈 컨트롤의 SSC(Smart Cruise Control), 전방 충돌방지 보조의 FCA(Forward Collision-avoidance Assist), 주차 조향 보조시스템의 PA-PRL(Parking Assist-Parallel, SPAS), 어드밴스드 주차 조향 보조시스템의 PDR(Parking Assist-Perpendicular Reverse), 주차 거리 경고-전방의 PDF(Parking Distance Warning-Forward), 차선 이탈 경고의 LDW(Lane Departure Warning), 차로 이탈방지 보조의 LKA(Lane Keeping Assist), 후측방 충돌 경고의 BCW(Blind-Spot Collision Warning), 후측방 충돌 회피 지원 시스템의 BCA(Blind-Spot Collision-Avoidance Assist)AGD, 후방 교차 충돌 경고의 RCTA(Rear Cross Traffic Alert), 부주의 운전 경보 시스템의 DAW(Driver Attention Warning), 고속도로 주행 보조의 HDW(Highway Driving Assist)와 같은 시스템들이 바로 ADAS의 범위에 들어간다고 볼 수 있다.

2 현재 자율주행 ADAS의 분류

　센서를 통해 외부의 환경과 운전자 의지를 인식하고 필요한 정보를 추출하여 최적의 주행상황을 결정한 후 차량의 제어를 통해 자동차가 정지 또는 주행할 수 있도록 제어한다. 그림 5-2는 시스템에서 어떤 제어가 주행, 주차, 편의, 안전장치에 가까운지 나타내는 표이다.

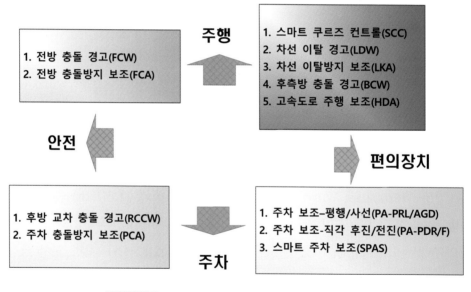

그림 5-2　ADAS의 주행 주차 편의 안전장치 구분

　ADAS의 기술이 현재는 위험한 상황에 따른 미연에 사고 방지와 운전자의 반복되는 운전 피로를 최소화하는 데 있다. 기존 자동차 시스템의 VDC와 같은 제어 시스템은 차이를 들 수 있으며 주행과 관련된 모든 제반 사항들을 주행과 주차 편의/안전 면에서 구분할 수 있을 것이다. 다음 5-2표는 단계별 자율 주행의 정의를 나타낸다.

〈표 5-2〉 자율 주행 레벨 출처: 미국자동차기술학회

단 계	용 어	정 의
0	No Automation (비 자동화)	운전자 항시 수행.
1	Driver Assistance (운전자 보조)	특정 주행모드(조향 또는 가/감속 중 한 가지 수행 나머지 전부는 운전자 수행)
2	Partial Automation (부분 자동화)	특정 주행모드 (조향 및 가/감속 모두 수행 나머지 전부는 운전자가 수행)
3	Conditional Automation (조건부 자동화)	특정 주행모드(시스템 자동차 운행을 전부 수행) 운전자 개입 요청 시에만 대체 수행.
4	High Automation (높은 자동화)	특정 주행모드(시스템이 차량 운행을 전부 수행, 운전자 해당 모드에서 개입 불필요)
5	Full Automation (완전 자동화)	모든 주행상황에서 시스템이 차량 운행 전부를 수행함.

따라서 ADAS의 최종은 자율주행 자동차이다. 현재 우리나라에 적용되는 기술은 운전자 보조 단계인 ADAS는 1단계에 속하며 최근 고속도로 자동 주행 보조 시스템(HDA)의 경우 2단계 레벨로 생각된다.

각국 자동차 회사들은 2021년으로 접어들어 3단계에 해당하는 자율 주행 자동차 양산을 하고 있다. 따라서 자율 주행의 여러 가지 관문을 통과하여 본격적 자율 주행이 되길 기대한다.

BCG 분석 기관에 따르면 2035년이 되면 판매되는 모든 차량의 약 25% 이상이 자율 주행 자동차일 것으로 추측하였다. 이때가 되면 기존의 ADAS 기술 또한 발전하고 교통 환경 정보를 지속적 업로드(upload) 하여 커넥티드카로 함께 진행되리라 기대한다.

그럼 이제부터 현재 유통되는 자동차의 ADAS 기술을 하나씩 살펴보고 실습을 하여 기존 존재하고 있는 기술을 분석해 보자!

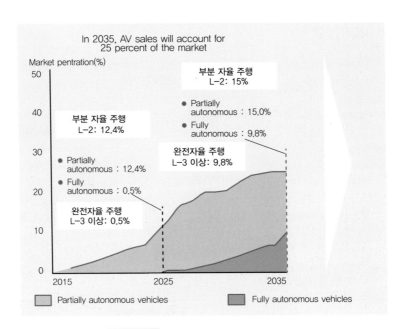

그림 5-3 자율주행기술 장착 비율 예상
(출처:BCG Analysis:just-auto.com 2015 시장 분석)

자동차의 주위를 감지하기 위하여 여러 센서가 적용된다. 기존에 사용되고 있는 전/후방 주차 보조 시스템의 초음파 센서이다.

초음파 센서를 활용하여 차량과 물체의 거리를 예측 경고음과 그래픽을 통해 운전자에게 알려준다. 그런데 이 초음파 센서의 경우 검출 거리가 상대적 짧고 응답성에서 신뢰도가 떨어진다.

따라서 이를 보완하고자 레이더와 라이더 그리고 사람의 눈 역할을 하는 카메라가 그에 속한다. 먼저 레이더(Radar)는 전자기파를 송신 후 표적으로부터 반사된 신호를 수신하여 표적의 존재 여부를 탐지하고 표적의 위치와 이동 속도의 정보를 추출하는 장치를 말한다.

3 현재 자율주행에 사용되는 각종 센서 및 제어장치

3-1. 전방 레이더 개요

전자기파의 속도는 빛의 속도와 같아서 응답성이 빠르며 ADAS 차량의 경우 전방 또는 후방에 이러한 레이더 장치를 구성하고 있다. 주위 자동차나 물체를 감지 할 수 있다. 다음 그림 5-4는 레이더가 선행 차량을 감지하는 방법을 나타낸다.

그림 5-4　레이더 거리의 감지 (출처: 오토 트리뷴 http://www.autotribune.co.kr)

주행 속도의 계산은 도플러 효과를 이용한다. 앞차와의 거리를 환산하기 위해서는 저주파 수신을 하고 다가오는 자동차의 경우 고주파 수신을 한다.

수신된 주파수 차이를 이용하여 상대 속도를 계산한다. 정리하면 레이더는 무선 탐지와 거리 측정(Radio Detecting And Ranging)의 약어로 전자기파 발사 후 물체에서 반사되는 전자기파를 수신해 방향, 거리 등을 확인하는 장치이다. 오래전에 군사/항공 등 다양한 기술 분야에서 사용된 기술이라 비교적 생소하지 않다.

레이더는 주로 차량 전방과 범퍼 후측방에 장착되는데 전방 레이더가 장착된 라디에이터 그릴에는 검은색 아크릴판 혹은 엠블럼으로 가려 놓았다. 이는 레이더에 이물질이 묻거나 각도가 틀어지는 것을 막아준다.

특히 레이더는 각도가 조금만 틀어져도 전방 100m 거리에서는 매우 커지기 때문에 센서 각도 유지가 매우 중요하다. 레이더 관련 취급 시 오프셋 보정을 반드시 해야 한다.

상대적으로 장거리 물체 인식이 가능하여 기상의 영향을 덜 받는 장점으로 인해 전방 충돌방지 보조, 후측방 충돌방지 보조 등 첨단 안전사양 곳곳에 사용되고 있다. 그렇지만 형체 인식이 불가능하기에 주로 여러 센서와 함께 카메라가 협조 제어로 사용된다.

그림 5-5 레이더 장착 위치 (출처:현대자동차)

3-2. 전방 카메라

자율주행의 기본인 카메라는 ADAS의 차량에서는 없어서는 안 되는 존재이다. 카메라는 이미지 센서로부터 얻어진 영상에서 특정 환경을 예로 차선, 물체, 표지판, 신호등, 보행자, 자동차의 정보를 입력받아 정보를 취득하는 일을 한다.

전방 카메라는 보통 실내 룸미러 뒤쪽에 설치되어 있으며 차량, 사람, 차선 등 전방의 상황을 구체적으로 인지하는 역할을 한다. 이것은 사람의 눈 역할을 하는 것이다.

그러나 반면 카메라는 안개, 역광 등 외부환경 조건에 따라 오작동을 일으킬 확률이 높기 때문에 최근 출시된 반자율 주행 자동차는 레이더와 카메라를 같이 사용한다. 레이더로는 물체의 형상이나 색상을 구분할 수 없다.

그림 5-6 　실 차량의 카메라 (출처:현대자동차)

카메라를 이용하면 물체가 가지고 있는 고유의 형상 패턴을 인식하여 그 물체가 어떤 유형인지 판단할 수 있다. 카메라의 영상인식 정보를 활용하면 레이더가 인식할 수 없는 환경을 인식할 수 있다. 예를 들어 신호등과 표지판이 그것이다. 하지만 물체와의 거리 및 속도를 감지하는 데 있어 레이더만큼 신뢰할 수 없다. 그것이 단점이다. 그래서 앞으로 기술이 발전하게 된다면 현재보다 넓은 화각을 촬영하고 다양한 장애물 인식할 수 있는 데이터를 카메라 안에 넣을 것이다.

이처럼 카메라는 사람의 눈 역할을 하는 매우 중요한 요소로 자리 잡을 것이다. 따라서 레이더와 카메라는 서로의 보완 관계 속에서 여러 다양한 인식을 통하여 정확한 물체 인식을 수행할 것으로 보인다. 고장 시 점검 방법을 통하여 적절히 대처할 수 있도록 정비사는 노력해야 할 것이다.

자! 그럼 본격적인 개요로 들어가 보고자 한다.

자율주행 기술의 시작은 ADAS(Advanced Driver Assistance System)의 첨단 운전자 보조 시스템이 장착된 차량으로부터 시작된다. 전방 센서로부터 스캔 된 차선을 확인하고 보행자와 선행하는 차량은 없는지 그리고 신호는 어떻게 바뀌는지 등을 판단한 다음 차량을 운전자 의도에 맞게 운전하게 한다.

그림 5-7 스마트 크루즈 컨트롤 (출처:현대자동차)

전방 레이더는 물체의 거리 속도 각도를 측정하고 이를 전자기파를 사용하는 감지 센서인데 전방 레이더를 통해 전방의 물체를 감지하고 차량과 사람을 보호하는 기존 스마트 크루즈 컨트롤(SCC)과 현 충돌방지 보조시스템(FCA)을 집중탐구 해 보자!

3-3. 스마트 크루즈 컨트롤 및 FCA(Forward Collision-Avoidance Assist)

스마트 크루즈 컨트롤(Smart Cruise Control)은 선행하는 자동차 거리를 감지하고 설정한 자동차 속도를 앞차와 거리 유지하며 운행하는 시스템을 말한다. 여기서 추가로 전방 충돌방지 보조 장치 시스템은 전방의 차량 또는 보행자와의 충돌 상황을 감지하면 조건에 따라서 운전자가 제동하지 않아도 자동으로 브레이크를 작동시켜 보행자와 운전자를 보호하는 시스템이다.

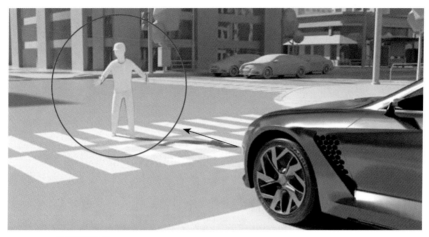

그림 5-8 전방 충돌방지 보조시스템(FCA) (출처:현대자동차 홈페이지)

FCA는 자동차 사고를 줄이는데 가장 효과가 큰 지능형 안전 기술로 평가받으며 삼성 교통안전 문화 연구소에 따르면 FCA를 장착한 차량이 미장착 차량 한하여 약 25% 정도 사고율이 낮다고 발표할 정도로 FCA는 2020년 이후 모든 자동차에 장착될 계획이다. 다음은 레이더와 주차보조시스템 카메라를 나타낸다.

그림 5-9 전방 감지 센서

스마트 크루즈 컨트롤(SCC)은 레이더 중심에서 일부 카메라 기능을 통하여 고정 지물 인식으로 차로/차선/터널/고가/횡단보도 등을 인식한다. 변동 지물 및 이동물체 인식으로는 보행자와 자동차 사고 차량 등을 인식하여 제어한다.

그림 5-10

자율주행 카메라 (출처:LG전자)

자율주행 자동차의 눈이라고 할 수 있는 카메라 기술은 없어서는 안 될 핵심 요소이다. 카메라는 전방의 교통정보 수집. 앞차와의 간격 유지. 교통 표지판 자동 인식. 상향등 자동 제어 등을 수행한다. 고장 발생 시 정비사의 대처 방안이 그 무엇보다 중요하다.

자율주행 자동차에 활용되는 인공지능, 딥러닝 기반 카메라는 보이는 사물을 인식하는 것에서 끝나지 않는다. 카메라 기술은 다양한 환경, 다양한 조건의 영상을 스스로 학습하고 인식률을 높이기 위해 자동차와 사람의 이동 패턴을 예측 분석한다.

그림 5-11 자율주행 자동차 현대자동차 넥쏘 (출처: 키즈 현대)

기본적으로 자율주행차에 장착되는 전방 카메라는 차량 전방의 사물을 정확하게 인지해 자동차가 스스로 운전할 수 있도록 하는 데에 핵심적인 역할을 한다. 운전자가 전방을 제대로 확인하지 못하는 상황이라면 운전자에게 경고 신호를 보내기도 한다. 여러 긴급 상황에서는 차량 스스로 제동 장치를 작동해 사고를 방지하기도 한다.

3-4. 스마트 크루즈 컨트롤(SCC)과 w/S&G시스템

스마트 크루즈 컨트롤 시스템(Smart Cruise Control)과 With Stop&Go는 차량 전방에 장착된 레이더를 이용하여 먼저 앞서가는 자동차 거리 및 안전한 주행을 위한 기본적 사항으로 다급한 돌발 상황이나 급한 운전으로부터 자신과 상대를 보호하는 시스템이다. 따라서 일반 자동차의 경우 가고 서는 것을 반복하는 상습 정체되는 구간에서 차간거리를 조절하기가 쉽지 않아 보인다. 그러나 스마트 크루즈 컨트롤과 Stop & Go를 장착한 차량은 레이더 센서를 통해 이 기능을 하고 있다.

자동차와 자동차 거리를 자동으로 유지해 주는 기능은 물론 앞차가 정차하면 스스로 정차했다가 다시 출발하는 운전자가 스스로 설정해 놓은 속도까지 가속되는 기능을 포함 막힌 도로를 운전하는데 가다. 서기를 반복하면서 사고의 원인이 될 수 있는 부주의로 인한 전방 충돌을 미연에 방지한다.

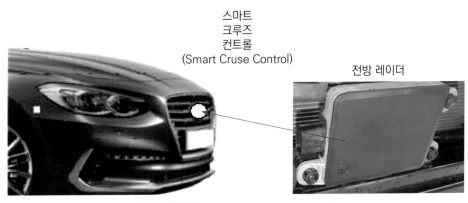

그림 5-12 SCC(Smart Cruse Control)

선행 차량 추종과 정차 후 출발 시 선행 차량을 추종하는 자율주행의 진화를 파악하는 단계라 하겠다. 크루즈 컨트롤(CC)은 차량 운전자가 설정한 속도로 자동차가 자동 주행하는 시스템이고 초기 CC는 위험 상황에서 도로 상황에 대처하기 위해 운전자가 직접 브레이크를 조작해야 했다. 이러한 여러 가지 상황을 개선한 것이 SCC이다.

이는 정속 주행 기능은 물론 전면에 장착된 레이더를 통해 자동차 주변 상황에 대한 능동적인 대처를 할 수 있다. Smart Cruise Control과 With Stop&Go는 이 모든 것이 이루어지며 선행 차량이 정차 후 재출발 시 함께 출발하는 기능을 탑재한 업로드 시스템이다. 따라서 과거의 SCC는 정차나 10Km/h 미만의 저속 제어가 불가능하였다.

이것과 결부한 최근 AVSM(Advanced Vehicle Management)은 주행하는 데 있어 차량의 위험 발생이 예상되는 경우 ESC(Electronic Stability Control), EPB(Electric parking Brake) 등을 제어 경고등 점등과 경고음을 발생 및 자동 감속 기능을 수행하는 주행 안정성을 좀 더 확보하였다. 안전을 확보하기 위해 SCC(Smart Cruise Control), PSB(Pre-Safe Seat Belt) 등의 제어로 앞차 충돌 가능성을 감지해 충돌 경감시키는 시스템이다.

PSB(Pre-active Seat Belt)는 급브레이크나 차량 전방으로부터 충격/충돌 예상되면 안전벨트를 순간적으로 당겨서 시트에 탑승자의 몸을 밀착시키는 기능을 한다. PSB 제어 기능 분류로는 충돌 직전 작동/주행 보조 기능/벨트 느슨한 제거 기능/복원 보조 기능이 있다.

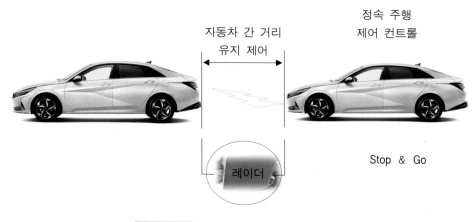

그림 5-13 스마트 크루즈 컨트롤 정차 & 재 출발

AVSM은 차량 통합 제어 시스템으로 별도 제어기가 있는 것이 아니라 이미 존재하고 있는 제어기가 SCC와 시스템 간의 협조 제어로 이루어진다. AVSM의 제어 순서는 SCC/ESC/ECM/TCM/EPB/PSB/클러스터를 통한 CAN(Controller Area Network) 통신을 통하여 정보를 주고받는다. 자동차 시동을 걸면 기본 동작하고 정차 중에 클러스터의 사용자 설정 모드를 통해 ON/OFF 할 수 있다.

SCC 모듈에서 선행 차량 인식하고 차량의 목표 감속도와 차량 경고 레벨을 연산 후 ECS 모듈에 감속도 제어와 PSB 모듈에 시트 벨트 동작을 요청한다. 클러스터에 충돌 경고 메시지 및 부저음 등을 제어하고 상황을 표시한다. ESC 모듈은 필요한 요구 감속도를 감속 토크로 변환하여 제동 압력을 제어한다.

시스템 구성으로는 ESC(차량 자세 제어), IAP(지능형 액셀 페달), PSB(프리 세이프 시트 벨트), EPB(전자식 파킹 브레이크), SCC 시스템의 핵심 부품인 SCC 유닛 및 각종 센서로 구성된다. 그리고 클러스터와 같은 시스템의 동작 상황을 파악하고 제어하는 계기판과 작동 스위치도 구성에 포함된다.

차체 자세 제어장치(ESC)는 조향각센서 및 차 속등 각종 센서로부터 운전자의 조종 의도를 판단하고 4개의 바퀴에 개별적 예리함으로 제동력을 적절히 배분하여 자동차 조종 안정성을 확보하기 위한 장치이다.

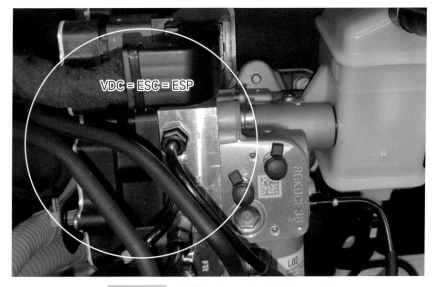

그림 5-14   ESC(Electronic Stability Control)

ECS는 SCC로부터 제동요청이나 감속 요청을 받으면 자동변속기와 엔진과 협조 제어를 하여 조건에 따라 제동등을 점등시킨다. ESC는 연산 된 토크가 가속의 경우 ECM에 엔진 제어를 요청하고 감속 시에는 엔진과 브레이크를 함께 제어한다. 감속하기 위해 브레이크를 제어하면 부드러운 응답성과 정밀도를 위해 ESC 내부의 압력을 측정하는 압력 센서를 적용하였다. 압력 센서가 3개가 있는 것이 SCC 사양의 ESC이다. (제조사마다 다름)

또한, 전자식 파킹 브레이크(EPB: Electronic Parking Brake)는 최근 스위치 동작으로 주차 브레이크를 작동 및 해제할 수 있다. 잠시 정차 중인 자동차가 계속 운전자가 브레이크를 밟지 않아도 Auto Hold를 작동시키면 자동차 밀림을 방지하고 만약 시동을 OFF 하면 자동으로 파킹 브레이크가 동작한다. 다음은 EPB 케이블을 나타내었다.

자동차 로직에 따라 다르나 보통 SCC에 의하여 ESC가 정차 제어 시 5분 이상 유지하면 ESC 보호하기 위해 주차 브레이크 작동을 해제한다.

그림 5-15 EPB 케이블 방식

이처럼 주차 브레이크 제어는 편의/안전에 유용하게 사용하고 있다. 위급한 어떠한 상황 속에서 4개의 브레이크 계통에 문제가 생겼다고 가정하면 EPB를 긴급하게 작동하여 사람과 차량을 보호할 수 있는 것이다.

지능형 가속 페달은 충돌 위험이 있거나 연비가 좋지 않은 상태에 가속 페달이 무거워져 운전자가 페달을 덜 밟도록 유도하는 시스템으로 효율적인 연비와 안전한 주행을 할 수 있도록 도와주는 역할을 한다. 지능형 가속 페달은 충돌 위험이 있거나 연비가 좋지 않은 상태에 가속 페달이 무거워져 운전자가 페달을 덜 밟도록 유도하는 시스템으로 효율적인 연비와 안전한 주행을 할 수 있도록 도와주는 역할을 한다.

또한, 지능형 가속 페달은 차량 통합 제어 시스템 및 경제 운전 안내 문구와 연동하여 전방의 차량의 근접한 경우 위험 상황 발생 시 액셀 페달을 진동하여 촉각을 통한 위험을 경고하는 시스템이다.

브레이크 램프는 스마트 크루즈 컨트롤 제어 중 감속과 제동에 필요한 경우 운전자가 밟아서가 아닌 ESC가 점등을 시키는 구조이다.

타력 주행일 때 감 속도가 적은 조건에서는 브레이크 램프가 빈번하게 동작하는 것을 방지하기 위해 요 레이트 센서의 종 방향 가속도와 휠 스피드 센서를 이용하여 차 속에 따라 램프를 점등시킨다.

브레이크 램프 제어는 ESC 제어 중 제동제어에서 점등되고 엔진 토크 제어 시는 비 점등됨을 알 수 있다. 제동제어와 토크 제어가 동시에 제어되는 경우는 제동제어와 동일하게 우선 점등된다.

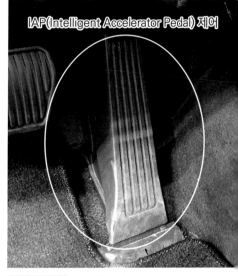

그림 5-16   지능형 가속 페달

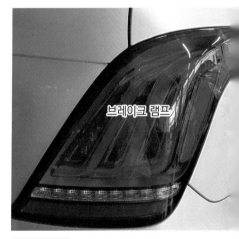

그림 5-17   브레이크 램프 (제어)

내비게이션은 고속도로 안전 구간을 자동 감속 제어로 사용되며 고속도로 과속 위험 지역 자동 감속 기능은 고속도로 주행 시 속도제한 구역으로 단속 카메라가 설치된 구역에서 자동으로 자동차 속도를 감속하는 내비게이션 연동 감속 기능으로 자동차를 운전하는 운전자의 안전 운전을 유도한다.

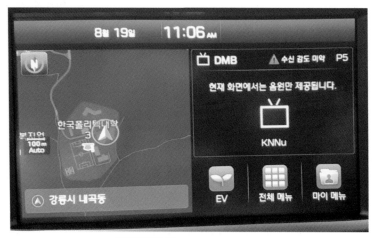

그림 5-18 내비게이션 (입력)

CRUISE는 시스템 대기와 기능 해제를 할 때 사용한다. RES(Resume) (+)는 이전 속도 재 설정에 사용되고 " + "의 의미는 설정 속도 증가를 의미하며 한번 작동 시 차종에 따라 다르나 10Km/h 씩 증가할 수 있게 되어 있다. " - "의 의미는 설정 속도에서 한번 작동 시 10Km/h 씩 감소를 뜻한다. 짧게 레버를 작동하면 1km/h 씩 올라가거나 내려간다.

그림 5-19 스위치 (입력)

SET "-"는 주행 속도 설정에서 한번 작동 시 10Km/h 씩 감소를 나타내며 현재 자동차 속도를 세팅한다. 원하는 속도까지 액셀 페달을 밟은 후 원하는 속도에 도달했다면 SET(-) 레버를 짧게 당기면 설정 속도를 유지한다.

CANCEL은 시스템 일시 해제할 때 사용한다. CANCEL 스위치는 설정된 SCC 기능을 일시적으로 해제할 수 있고 브레이크 페달을 밟아 감속이 이루어지는 경우에도 이 기능은 일시 해제가 된다. 이때 클러스터의 차간거리 표시등과 설정 속도는 소등되나 크루즈 표시등은 계속 점등된다. 그래서 SCC 기능을 사용하지 않을 때 반드시 크루즈 스위치를 OFF 하여 기능을 해제해야 한다.

차간거리 설정은 4단계로 이루어지는데 TTC(Time To Collision)에 의해 결정된다. TTC란 선행 차량과 추돌하기 전까지의 상대 시간을 말한다. 목표 차간거리는 차량 속도(m/s)×단계별 설정값(s)이다. 다른 스위치와 다르게 영문이 아닌 자동차 형상으로 하단에 4단계로 표시하는 심볼로 그려졌는데 레이더 센서를 통하여 전방의 차량을 감지해 가속 페달 또는 브레이크 페달 조작 없이 같은 차선에 있는 차량과 설정된 일정한 거리를 유지해 주는 기능이다.

SCC 기능이 설정되면 별도의 조작 없이 자동으로 작동되는데 운전자 안전을 위해 최초 HEADWAY 4단계로 자동 설정되며 버튼을 누를 때마다 한 단계씩 내려가면서 차간거리가 변경된다. 따라서 자동차 속도나 도로 상황에 따라 선택하면 되고 시스템 대기 상태에서 스위치를 2초간 길게 누르면 SCC와 CC 모드로 순차적으로 변경된다.

차 속과 차간거리의 상관관계는 속도 = $\dfrac{\text{이동거리}}{\text{걸린시간}}$ 이다. 예를 들어 90km/h = 25m/s이다.

적용하면, 90km/h = $\dfrac{90km}{1h}$ = $\dfrac{90,000m}{3600s}$ = 25m/s이다.

속도별 차간거리는 표 5-3과 같다.

〈표 5-3〉속도별 차간거리

자동차 차속이 약 90km/h (거리 유지)		TTC 기준		속도 별 차간거리(4단계)		
1단계	약 25m	1단계	1.0초	차속	30 km/h	약 17.5m
2단계	약 32.5m	2단계	1.3초		50 km/h	약 29m
3단계	약 40m	3단계	1.6초		100 km/h	약 58m
4단계	약 52.5m	4단계	2.1초		150 km/h	약 87.5m
					200 km/h	약 116.6m

　　속도별 차간거리는 주행 속도가 증가할수록 제동 안전성을 확보하기 위해서 차간거리 또한 증가시켜 제어한다. 계기판 정보로는 설정 속도 표시등/크루즈 표시등/차간거리 표시등/경고 메시지(팝업 메시지) 통합경고등(⚠)은 이문구로 표시하며 ASCC, AEB, BSD, HBA, PSB 등 함께 사용한다. ASCC 스위치 ON/차간거리 4단계 제어/ASCC 자동해제/ ASCC 비작동 조건/ASCC 시스템 고장/레이더 이물질 가림 등 계기판 정보를 표출한다. SCC는 시스템 상태를 판단 후 CAN으로 클러스터에 신호를 전송한다. 스위치나 클러스터가 고장이 생기면 SCC 경고등을 점등시켜 제어를 중지한다. 다음 표 5-4는 시스템 모드를 나타내었다.

〈표 5-4〉SCC 시스템 모드 설명

주요 항목 내용	설 명
SCC모드	크루즈 컨트롤 스위치 ON/ 스위치를 2초 이상 길게 눌러 CC를 선택
대기 모드	주행 속도 및 차간거리 미 설 설정 상태/운전자 직접 제동/ CANCEL 스위치 ON 시 대기 모드 진입
차간거리 4단계	처음 최초는 4단계로 자동 설정/차간거리 스위치를 누룰 때 마다 차간거리 변경 (4, 3, 2, 1)/4 단계 변경) 차 속이 90Km/h 기준 차간거리 약 52.5m로 설정됨
차간거리 3단계	90Km/h 기준(약 40m)
차간거리 2단계	90Km/h 기준(약 32.5m)
차간거리 1단계	90Km/h 기준(약 25m) 1단계에 있을 때 스위치를 누르면 4단계로 변경됨

그 외에도 자동해제/비작동 조건/시스템 고장/충돌 경고/일시 중지 제어/정체 구간 제어/고속도로 안전 구간 자동 감속 제어/CC 모드 선택/CC 모드 동작/CC 모드 일시 해제/ CC 모드 비작동 조건이 있다. 그럼 이러한 조건들을 표를 통하여 알아보고 운전자는 학습을 통하여 운전 방법을 적절히 활용해야 할 것이다.

다음은 SCC 시스템 팝업 메시지에 대해 알아보겠다. 자율 주행이 알아서 되기 전까지 운전자와 정비사는 많은 것을 학습해야 할 것으로 보인다.

〈표 5-5〉 시스템 팝업 메시지(제조사마다 다를 수 있음)

주요 항목 내용	설 명
자동 해제	스마트 크루즈 컨트롤이 자동 해제되었습니다. SCC 자동 해제 조건은 변속 단이 "D" 레인지가 아닌 경우 EPB 체결 조건, 차속이 210Km/h 이상 가속, ABS/ESC 작동과 ESC(VDC) 기능 OFF 시, 레이더 센서 오염 및 고장 시
비 작동 조건	스마트 크루즈 컨트롤 작동 조건이 아닙니다. 먼저 비 작동 조건 주행 속도 설정, 선행 차량이 없는 경우와 30Km/h 이하 설정 시, 200Km/h 이상 설정 시
시스템 고장	스마트 크루즈 컨트롤 시스템을 점검하십시오. SCC 시스템 고장 코드 검출 시 표시되고 통합경고등 점등됨(⚠)
일시 중지 제어	레이더 가림으로 스마트 크루즈 컨트롤이 중지됩니다. 레이더 센서 커버 오염 표시 시(레이더 가림으로 스마트 크루즈 컨트롤 중지됩니다. 표시), 오염물 제거 시 시스템 작동
충돌 경고	선행 차량 급제동 시 차간거리 부족으로 충돌 위험 높은 경우 표시함. 계기판 선행 차량과 거리 단계 점멸, 충돌 경고음 발생함.
충돌 경고	전방 상황에 주의하십시오. 30Km/h 이하에서 선행 차량과 거리 제어 중 앞 차량이 옆 차선으로 사라지면 표시함.(전방 상황에 주의하십시오) 새롭게 나타난 정차 차량이나 물체 충돌 경고함(충돌 경고음 발생)
정체 구간 제어	전방 차량 출발 시 스위치 또는 페달을 조작하십시오. 선행 차량 뒤 정차 후 표시, 선행 차량 출발 후 자동 재출발(3초 이내), 정차 후 3초 이후(운전자 선택 ▨)
고속도로 안전 구간 자동 감속 제어	크루즈 점등 상태에서 규정 속도 이상 시 녹색 동작/ 흰색 대기 전방 제한속도 정보 사전 수신 시 제어, 고속도로 단속 카메라 대한 자동 감속, 고정식 카메라만의 대상으로 제어 동작대기는 - 흰색으로 AUTO, 동작 중에는 - 녹색 AUTO 점등
CC 모드 선택	크루즈 컨트롤이 선택되었습니다. 차간거리를 유지하지 않고 정속 주행 속도 유지(▨) 스위치를 2초 간 길게 누르면 SCC 기능 선택
CC 모드 동작	설정된 속도로 정속 주행
CC 일시 해제	크루즈 컨트롤이 자동 해제되었습니다. CC 일시 해제되는 조건은 수동 모드 2단 이하 변속한 경우, 브레이크 ON/캔슬 스위치 ON 시, 변속레버 중립 선택, 차 속이 200Km/h 이상 가속, ESC 작동된 조건이다.
CC 비 작동 조건	크루즈 컨트롤 작동 조건이 아닙니다. 비작동 조건 주행 속도 설정에서 30Km/h 이하 설정된 상태, 200Km/h 이상 설정된 상태

이처럼 계기판에서 응답성을 설정할 수 있고 스마트 크루즈 컨트롤(SCC) 응답성에서 느리게(COMFORT) 하여 나타내는 상태는 가속하는 속도가 보통보다 느림을 뜻하고 보통(NORMAL)은 가속하는 속도가 그보다 보통으로 제어된다는 의미이다.

그림 5-20 계기판 정보

마지막으로 빠르게 다이나믹(DYNAMIC) 상태는 가속하는 속도가 보통보다 빠르게 제어할 경우인데. 자동차 출고 시는 보통으로 세팅되어 있다. 여기서 주의할 점은 커브길 구간이나 경사가 심한 도로 주행 시 차량을 인식하지 못하여 설정 속도까지 빠르게 가속될 수 있어 이러한 구간에는 적당한 설정 속도 선택으로 보통이나 느리게 선택하는 것이 좋겠다. (사고 시 제조사 책임 없음)

스마트 크루즈 컨트롤 상황별 제어는 자동차가 앞서 선행(先行)해서 운행하는 자동차가 없을 때는 운전자 설정 속도로 정속 주행하고 30Km/h 미만에서는 속도 제어가 불가하며 거리 제어만 가능하다. 따라서 자동차 제작사마다 다르지만 보통 30~200km/h에서만 속도/거리/제어 수행한다.

선행 자동차가 있을 때는 설정 차간거리 유지하고 선행 차량 속도로 주행한다. 차간거리 및 정지/재출발 제어는 선행 차량 정지 시 선행 차량 정지에서 약 3~5m 이후 자차가 정지한다. 3초 이내 선행 차량이 출발할 때 자차도 자동으로 출발을 하며 3초 이후에는 (RES) 스위치 또는 가속 페달을 조작해야 한다.

　5분 이상 자차가 정차하면 EPB가 자동 동작하며 SCC 제어도 자동해제 된다. 30Km/h 이하에서 SCC 도 세팅이 가능하다. 오버 라이드 제어는 SCC 작동 중 일시적으로 속도를 올리고자 할 때 가속 페달을 밟게 되는데 이때는 설정 속도 표시등이 점멸하게 된다. 그러나 설정 속도에 영향을 주지 않으나 가속 페달을 놓으면 목표속도로 서서히 감속할 수 있다.

　상황별 제어에서 추월 지원 제어로 만약 자동차가 80Km/h 이상에서 운전자가 추월을 위해 좌측 시그널 램프 조작 시(법규) SCC 시스템은 표시 상태와 상관없이 내부적인 제어로 인하여 차간거리를 1단계로 설정되며 이때는 약간의 자동차 가속이 발생한다.

　레이더 모듈은 차량 전면 라디에이터 그릴 중심부나 범퍼 하단부에 장착되며 전방 레이더는 엔진 컴퓨터와 함께 선행 차량을 인식하고 속도와 거리를 연산한다.

그림 5-21　레이더 모듈 (인지하고 판단)

　레이더 센서는 일체형과 레이더와 ECU가 분리되는 분리형으로 구분된다. 여기서는 센서와 ECU가 일체형으로 구성되는 제어를 설명하겠다. 센싱 범위를 전자적으로 감지함으로 앞서가는 차량의 정보를 수집하여 근거리 센서와 원거리 센서의 이중 구조로 이루어져 있다. 근거리 센서는 가깝고 넓게 볼 수 있는 50m에서 좌우 각이 약 60도이고 상하

각이 약 4.5도이다.

원거리 센서는 멀리까지 인식할 수 있는데 174m에서 약 20도까지 감지 거리를 확보하고 있다. 향후 점차 기술의 발달로 더 많은 범위를 감지할 것으로 보인다. 이때 원거리 감지 범위 주파수는 77GHz의 자동차용 장거리 주파수를 송신하고 선행 자동차의 반사되어 돌아오는 주파수 정보를 수집하게 된다.

레이더 센서는 최대 64개의 타깃(Target)을 검출할 수 있어 차간거리 제어에는 목표 자동차 1대이다. 안테나를 통해 목표 자동차가 정해지면 SCC ECU는 선행하는 목표 자동차로부터 수집된 정보를 바탕으로 목표 차간거리, 목표속도, 목표 가감속도를 계산하고 각 정보를 ESC ECU로 전달한다. 레이더 센서 외관의 커버 오염은 전방 감지 불가 상태를 방해(Blockage)라고 하는데 시스템은 이러한 상태를 모니터링하여 경고등을 점등시킨다.

센서 커버는 레이더의 투과율과 같은 특성을 고려하여 설계가 이루어지는데 오염 물질로 인하여 물리적 특성의 영향을 주는 경우 감지 성능이 떨어질 수 있다. 따라서 이런 방해 현상은 제작사마다 다르나 보통은 30km/h 이상에서 검출되며 DTC(Diagnostic Trouble Code)를 남기지는 않는다. 눈과 비가 그친 상태라고 할지라도 노면에서 튀어 방해 현상이 발생할 수도 있다. 평상시 자동차 관리를 청결하게 유지할 필요 있음(제작사 귀책 없음)

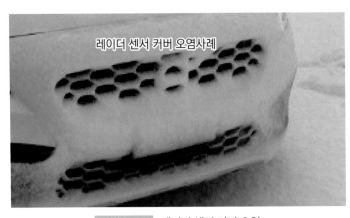

그림 5-22 레이더 센서 커버 오염

오염 상태 확인에는 충분한 시간이 필요하다. 센서 커버 조치 사항으로는 제어 로직 상 ASCC 동작 중 갑자기 해제되는 경우와 선행 차량이 있음에도 불구하고 감속되지 않을 수 있다.

방해(Blockage)는 레이더 문제가 아니며 시간이 지나면 저절로 해결될 수 있기에 DTC가 현재/과거 어떤 상태로 고장이 났는지 저장되어 있지 않다. 현재 자율주행의 여러 가지 한계가 이런저런 곳에 있으며(자율주행 L3) 바로 이러한 부분으로 자동차 제작사의 힘듦이 있는 것 같다.

따라서 DTC가 확인 불가인 자동차의 경우 고객의 니즈를 고객의 미팅을 통해서 원인을 추정할 수 있으며 센서 커버 청소와 같은 운전자에게 후속 조치를 알리고 악천후와 같은 기상 이변이나 날씨가 좋지 못한 도로 상황에서 사용을 지양해야 할 것이다. 이런 상황을 주지하여 빗길과 오염된 도로에서 상대방 차와 소유주(Owner) 차가 교차하면서 오염 물질 부착으로 자동차가 적절히 제어 못 할 수 있기에 이를 반드시 주지시킬 필요성이 있다 하겠다. 결국, 제작사 잘못이 아니라는 점이다.

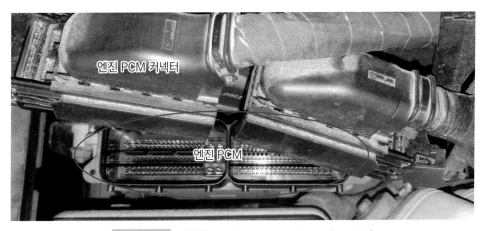

그림 5-23   자동차 PCM(Powertrain Control Module)

자율 주행에 있어 PCM(Powertrain Control Module)은 엔진 및 자동변속기가 일체형으로 통합된 컴퓨터를 의미하고 ASCC 제어 중 감속 또는 제동에 필요한 경우 ESC(Electronic Stability Control)에 신호하면 ESC는 PCM(Powertrain Control

Module)에 엔진 토크와 자동변속기 최적의 변속 단 구연을 요청한다.

자율 주행에 있어 시트 벨트도 발전을 거듭하고 있다. PSB(Pre-active Seat Belt) 프리 엑티브 시트 벨트는 충돌 및 위험 상황 직전에 안전벨트를 잡아당겨 사고 직전 승객을 보호하기 위한 장치이다.

그림 5-24 　PSB(Pre-active Seat Belt)

프리텐셔너와 로드 리미트 및 에어백 등의 보호장치 효과를 높인다. 그리고 전방 차량 근접할 때나 차선 이탈 등 위험 상황 발생 시 안전벨트를 진동하여 운전자로 하여금 촉각 경고하고 사고를 미연에 방지하기 위해 선행 위험 경고를 하는 시스템이다.

3-5. 자율주행 시스템 제어

먼저 시스템 제어를 이해하기 위해서는 기존 타 시스템과의 상관관계를 공부하는 것이 매우 중요하다. 기존 시스템이란 엔진, EPB, PSB, VDC(ESC), SCC 등과 협력하여 AVSM(Advanced Vehicle Safety Management)과 내비게이션 협조 제어하여 고속도로 안전 구간에서 자동 감속할 수 있는 제어가 추가된다.

ADAS 시스템은 엔진 시동이 걸린다고 하여 바로 작동되는 것은 아니다. 운전자의 사용 의지와 조건이 반영되어야 한다. 따라서 앞서 설명한 바와 같이 SCC 스위치를 통해 입력되고 스위치의 기본 개념을 이해하는 것이 필요하다. 시스템 제어 상태는 운전자 설정 기반으로 레이더가 인지하고 제어 유닛이 판단하며 엔진 및 VDC가 액추에이터 역할을 수행 차량의 주행 속도와 차간거리를 제어하게 된다.

SCC ECU가 제어를 수행하지만 교통 상황/도로 조건/운전자 판단이 반영되어야 한다. SCC 제어 중 수동해제 상태는 운전자가 브레이크를 밟아서이고 나머지는 취소 스위치 작동에 의한 일시적 수동해제와 크루즈 OFF에 의한 시스템 완전 해제로 들 수 있다. 자동해제 상태는 SCC 제어 중에 운전자의 사용 조건 또는 ECU 판단 의하여 기능이 일시적으로 자동 해제된다.

시스템 협조 제어는 주행 중 차간거리 제어를 할 때 위험한 상황 발생 시 사용자의 안전을 위해 타 시스템과 협조 제어를 통해 주행 안정성 확보와 위험성을 경감하고 내비게이션과 같은 전방 제한속도 정보 사전 수신 시 자동 감속 제어로 사용자의 편의를 향상한다. 전방 충돌방지 보조(FCA)는 주행 중 전방 장애물과의 충돌을 방지하기 위한 목적으로 운전자에게 위험을 경고하고 차량의 제동을 제어하는 주행 안전시스템 이다.

FCA(Forward Collision-avoidance Assist)는 전방 카메라/전방 레이더를 이용해 전방 장애물과의 상대 위치/상대 속도를 인식하고 전방 장애물과의 충돌 예상될 경우 운전자에게 시각/청각 경고를 하고 충돌을 회피할 수 있도록 제동을 도와준다. 차선변경 시 전방에서 다가오는 맞은편 차량과의 충돌을 방지할 수 있게 도와주거나 교차로에서 회전 시 전방 카메라/전방 레이더를 이용해 다가오는 맞은편 차량과 충돌하지 않도록 도와준다.

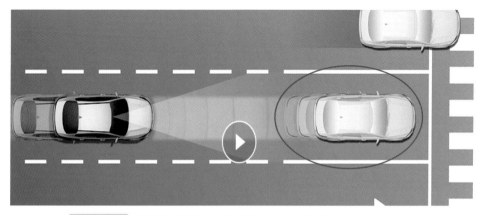

그림 5-25 전방 충돌 방지 보조(FCA) (출처: 기아자동차 기업문화 홍보사이트)

차로 이탈 방지 보조(LKA)는 주행 중 사고를 미연에 방지하기 위한 목적으로 차로를 이탈한다고 판단되는 경우 운전자에게 위험을 경고하고 조향을 제어하는 주행 안전시스템이다.

그림 5-26 최근 출시된 주행 조향 보조 선택(클러스터)

LKA(Lane Keeping Assist)는 전방 카메라로 인식한 차선 및 도로 경계 정보와 방향지시등 작동 여부를 고려하여 차로를 이탈한다고 판단되면 운전자에게 시각/청각/촉각 경고를 하고 차로를 이탈하지 않도록 조향을 도와준다.

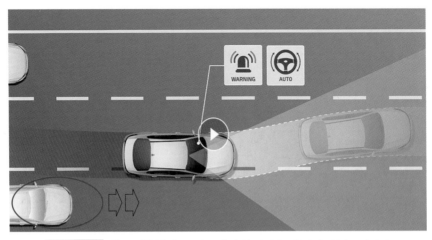

그림 5-27 차로 이탈 방지 보조(LKA) (출처: 기아자동차 기업문화 홍보사이트)

후측방 충돌방지 보조(BCA)는 차로 변경 시 측방/후측방 차량과의 충돌을 방지하기 위한 목적으로 운전자에게 위험을 경고하고 자동으로 차량을 제어하여 충돌 회피하는 것을 도와주는 주행 안전시스템이다.

BCA(Blind-Spot Collision-Avoidance Assist)는 전방 카메라/후측방 레이더를 이용해 측방/후측방 차량과의 상대 위치/상대 속도를 인식하고, 차로 변경 시 타 차량과의 충돌이 예상될 경우 운전자에게 시각/청각 경고를 하고 충돌을 회피할 수 있도록 제동을 도와준다. 차로 변경 중 후측방 장애물과의 충돌 위험시 편 제동제어. 작동 조건은 제작사마다 다르다. 보통은 운전자 방향지시등 ON이나 차로 이탈 충돌 위험 판단 조건을 만족해야 한다.

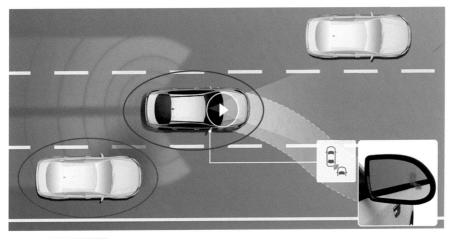

그림 5-28 후측방 충돌방지 보조(BCA) (출처: 기아자동차 기업문화 홍보사이트)

하이빔 보조 (HBA:(High Beam Assist))는 야간 및 저조도 상황에서 타 운전자의 눈부심을 최소화하면서 전방 가시거리를 최대한 확보하기 위한 목적으로 차량의 하이빔 작동 여부를 제어하는 주행 안전시스템이다.

HBA는 전방 카메라를 이용해 전방 차량 맞은편 차량 가로등 등으로 인한 광원 여부를 인식하고 광원이 있으면 하이빔을 끄고 광원이 없으면 하이빔을 켜준다.

그림 5-29 주행 중 하이빔 보조(HBA) (출처: 기아자동차 기업문화 홍보사이트)

로우빔 보조 (LBA: Low Beam Assist)는 야간 및 저 조도 상황에서 전방 가시거리를 최대한 확대하기 위한 목적으로 차량의 추가 램프 작동 여부와 로우빔 방향을 제어하는 주행 안전시스템이다.

LBA는 차량의 속도/조향각/요 레이트 센서를 고려하여 추가 램프를 켜고 끄거나 로우빔 방향 좌우로 조절한다.

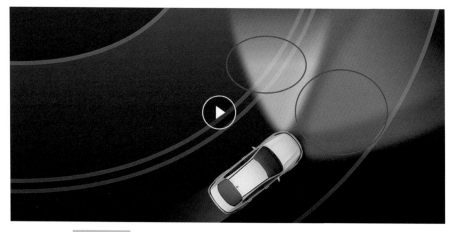

그림 5-30 로우빔 보조(LBA) (출처: 기아자동차 기업문화 홍보사이트)

　스마트 크루즈 컨트롤(SCC)은 주행 중 운전 부하를 경감해 주기 위한 목적으로 운전자가 설정한 속도 및 전방 차량과의 안전거리를 유지하며 주행할 수 있도록 가/감속을 제어하는 주행 편의 시스템이다.

　SCC는 주행 속도를 운전자가 설정한 속도로 맞추되 전방 카메라 전방 레이더로 인식한 전방 차량과의 상대 위치 상대 속도를 고려하여 전방 차량과의 안전거리를 유지한다. 따라서 전방 차량 정지 시 맞춰서 정지했다가 전방 차량 출발 시 다시 주행을 시작할 수 있도록 가 감속을 도와준다.

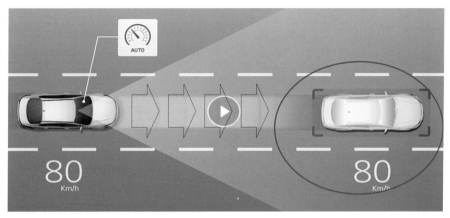

　　그림 5-31　스마트 크루즈 컨트롤(SCC) (출처: 기아자동차 기업문화 홍보사이트)

　차로 유지 보조(LFA)는 주행 중 운전 부하를 경감해 주기 위한 목적으로 차로 중앙을 유지하며 주행할 수 있도록 조향을 제어하는 주행 편의 시스템이다. LFA(Lane Following Assist)는 전방 카메라로 인식한 차선 및 도로 경계 정보를 고려하여 차로 중앙을 유지하며 주행할 수 있도록 조향을 도와준다.

223

고속도로 주행 보조(HDA)는 고속도로 및 자동차전용도로 주행 중 운전 부하를 경감해주기 위한 목적으로 운전자가 설정한 속도 전방 차량과의 안전거리 및 차로 중앙을 유지하며 주행할 수 있도록 조향 가 감속을 제어하는 주행 편의 시스템이다.

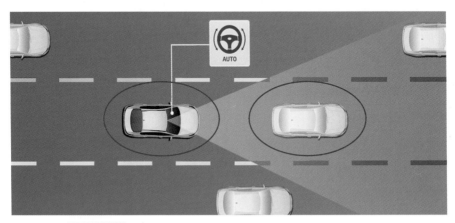

그림 5-32 　차로 유지 보조(LFA) (출처: 기아자동차 기업문화 홍보사이트)

HDA는 내비게이션 정보를 이용해 고속도로 본선 및 자동차전용도로 본선에 있다고 판단되면 주행 속도를 운전자가 설정한 속도 혹은 도로의 제한속도로 맞추되 전방 카메라로 인식한 차선 정보와 전방 카메라 전방 레이더로 인식한 전방 차량과의 상대 위치 상대 속도를 고려하여 조향 및 가 감속 제어로 차로 중앙 및 전방 차량과의 안전거리를 유지한다.

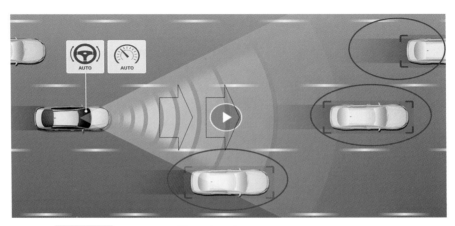

그림 5-33 　고속 도로 주행 보조(HDA) (출처: 기아자동차 기업문화 홍보사이트)

자율주행의 단계를 알아보면 자동 제어가 없는 단계는 순수 운전자가 위험 상황에 대하여 운전자가 대처하고 자동제어할 수 없는 구조로 모든 제어를 운전자가 행해야 하는 단계라고 볼 수 있다. 운전자가 필수적이다.

그 첫 단계로 선택적인 능동제어로 핸들 또는 페달 중 선택적 자동 제어로 운전자 제어 및 감시가 필수였다. 두 번째는 통합 능동제어로 핸들과 페달을 동시에 자동 제어가 가능한 단계로 운전자 제어 및 감시가 필수적이다.

2020년 현 단계는 제한적 능동제어로 제한된 조건에서 자율주행(자동차전용도로 등) 특정 상황 운전자 개입이 필요한 단계이다. 네 번째 단계가 통합 자율주행 단계로 모든 상황에서 자율 주행하는 운전자는 목적지만 입력하는 단계로 추측된다.

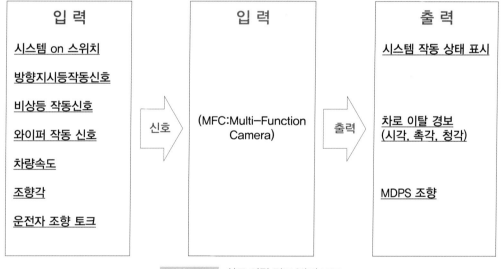

그림 5-34 차로 이탈 경고/방지 보조

차로 이탈방지 보조는 최초 LDWS(Lane Departure Warning system)와 LKAS(Lane Keeping Assist system)는 조금의 차이를 보인다. 먼저 LDWS는 차로 이탈 경고를 하고 핸들 어시스트(Assist)가 없다. 시스템경고 방식으로는 클러스터, 헤드업 디스플레이, 조향휠 햅틱으로 경고를 한다.

LKAS는 차로 이탈방지 보조로 차로 이탈 시 차선을 유지 핸들 모터 어시스트하며 클러스터 HUD 경고음 없다. 물론 제조사마다 다르나 그 차이점을 알고 가자는 이야기이다. 이 설정은 다음과 같이 운전자가 계기판에 설정해야 하는데 사용자 설정/ 주행 보조/ 주행 조향 보조시스템을 설정해야 한다.

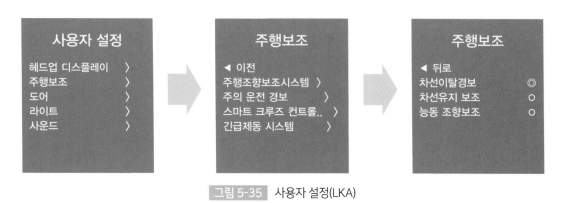

그림 5-35 사용자 설정(LKA)

다음은 차선 유지 모드/ 능동 조향 모드를 그림으로 나타내었다. 제작사마다 다름을 인지하길 바랍니다.

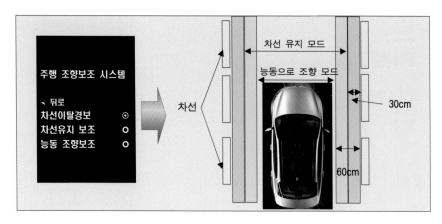

그림 5-36 차선 유지 모드/능동 조향 모드

LKA 제어는 차선 중앙을 추종하여 제어하는 것이 아니라 가상의 차선 내 주행을 유지하도록 하는 제어이다. 작동 조건의 차 속으로는 다음과 같다.

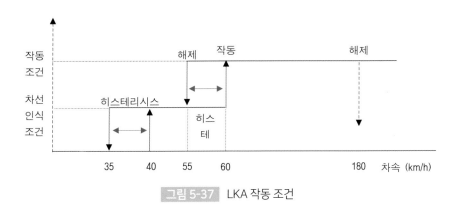

그림 5-37 LKA 작동 조건

LKA 작동 속도는 60km/h 이상에서 차선이 감지된 경우 작동되며 해제 속도는 55km/h 이하에서 180km/h 이상 속도에서 해제된다. 제작사마다 다르며 레벨에 따라 달라질 수 있다.

자율주행 자동차는 지금은 현재진행형 단계이다. 차근차근 준비하여 미래 자동차를 준비해야 한다. 진정 자율주행은 운전자가 자동차 안에서 아무 일도 하지 않을 때 자율주행의 첫 단추를 꿴다고 본다.

지금은 많은 것을 운전자가 자동차 안에서 설정해야 한다. 그 말은 운전 중 과실 책임도 아직 운전자에게 있다는 것이다. 지금부터 우리는 자동차의 변화를 몸으로 느끼고 준비할 때이다.

제6장

하이브리드 자동차 개념

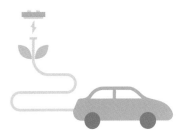

하이브리드 자동차 개념

1. 하이브리드 자동차 개요

2. 하이브리드 자동차 시스템

| 1 | 하이브리드 자동차 개요 |

하이브리드 전기 자동차(Hybrid Electric Vehicle)는 일반 내연기관 자동차보다 더 많은 시스템으로 구성되었다. 자동차 진단 공학을 공부하는 대학생과 초보 정비사들은 최근 기술이 적용된 시스템 용어를 정리하고 갈 필요성이 있다.

1-1. HEV 용어 정리

〈표 6-1〉 하이브리드 용어 정리

용어	영문	국문
HEV	Hybrid Electric Vehicle	하이브리드 전기 자동차
HPCU	Hybrid Power Control Unit	파워 제어기
HCU	Hybrid Control Unit	HEV 제어기
MCU	Motor Control Unit	모터 제어기(인버터)
BMS	Battery Management System	고전압 배터리 제어기
LDC	Low Voltag DC-DC Converter	DC-DC 변환기
FMED	Flywheel Mounted Electric Device	모터가 플라이휠 장착
HSG	Hybrid Starter Generator	HEV 기동 전동기
TMED	Transmission Mounted Electric Device	모터가 변속기에 장착
HEV 모드	Hybrid Electric Vehicle Mode	엔진+전기모터 구동
EV 모드	Electric Vehicle Mode	전기모터 구동
PRA	Power Relay Assembly	고전압 릴레이 어셈블리
NI-MH	Nickel-Metal Hydrate	니켈-수소 배터리
LI-PB	Lithium-polymer	리튬이온 - 폴리머 배터리
레졸버	Resolver	모터 위치 센서
안전플러그	Safety Plug	고전압 차단 플러그
AHB	Active Hydraulic Booster	엑트브 브레이크유압 부스터
AAF	Active Air Flap	엑티브 에어 플랩
EWP	Electric Water Pump	전동식 워터 펌프
전동식 보조 워터펌프	Heater Electric Water Pump	히터 전동식 워터 펌프 (EV 모드시 난방 냉각수순환)
OPU	Oil Pump Unit	변속기 오일 펌프 유닛
VESS	Virtual Engine Sound System	가상엔진 소음 장치
EOP	Electric Oil Pump	변속기 오일펌프
병렬형	Parallel type	모터와 엔진동력 함께 사용, 한가지만 선택 사용 가능
복합형	Power Split type	유성기어 사용 엔진과 모터 동력 분배(프리우스)
플러그-인	Plug-in Hybrid Electric Vehicle	외부 배터리 충전
CPS	Clutch Pressure Sensor	엔진클러치압력 센서
전동식 에어컨 컴프레서	Electric A/CON Compressor	전동식 에어컴프레서

1-2. 하이브리드 란?

Hybrid 란. 잡종으로 이종교배를 나타낸다. 서로 다른 형태의 동력원이 결합 된 자동차를 말하는데 쉽게 말해 경유, 휘발유, LPG 등 내연기관과 전기모터가 결합 된 자동차를 말한다. 화석 연료를 대처하는 전기자동차 혹은 수소 연료전지 자동차로 넘어가는 과도기적인 자동차라 할 수 있다. 물론 이런 생각은 극히 개인적인 시각이니 시비 걸지 말길 바란다. 다시 말해 엔진 동력과 전기모터의 동력을 함께 사용해서 연비를 향상하는 것으로 정의 할 수 있다.

저자가 특정 자동차 특정 기업의 자동차로 저술하는 것은 그 기업의 우수성을 널리 알리고자 하고 한때 몸담았던 본가이기에… 자동차과 학생들이 자동차 진단기술 공학 교재가 되길 기원해서이지 특정 기업을 흠집 내기 위한 내용이 아님을 주지하길 바란다. 저자는 대부분 대상 내용을 2012년 쏘나타 HEV로 정하였다. 쏘나타, K-5의 경우 엔진 150 PS +모터 41PS인데 모터 30kW를 PS 단위로 환산하면 30kW/0.7355kW=40.8PS가 된다. 따라서 191 PS를 가진 자동차이다.

전기자동차는 안전 수칙을 반드시 지켜야 한다. 그 첫 번째로 젖은 손으로 충전기 조작하지 않는다. 다들 가정집 콘센트 감전 경험 있을 듯한데. 가정집 전류와는 큰 차이를 보인다. 저자가 전기차 감전을 경험하지 못하여 고통을 전달할 수 없는 현실을 개탄한다. 웃으라고 하는 소리니 그냥 넘어가 주길 바란다.

플러그인 하이브리드나 순수 전기차는 충전 구 충전커넥터를 정확히 연결하고 록킹 상태를 반드시 확인한다. 이유는 접촉 불량에 의한 줄열 때문에 화재의 원인이 된다. 충전 중에 충전커넥터를 임의로 탈거하지 않는다. 또한 오렌지색 충전케이블 피복 손상, 충전커넥터 파손 등 안전상태를 주기적 점검한다. 우천 시 또는 정리 정돈 시 충전장치에 수분 유입되지 않도록 주의가 필요하다. 충전 전 안전 점검, 충전 후 주변 정리 정돈을 반드시 해야 한다.

1-3. 하이브리드 타입 구성

하이브리드 타입 구성으로는 병렬형과 복합형으로 구분한다. 먼저 병렬형은 엔진과 구동축이 기계적으로 연결 변속기가 필요하고 구동 모터 용량을 작게 하고 모터의 장착 위치에 따라 Flywheel Mounted Electric Device와 Transmission Mounted Electric Device로 구분된다.

FMED 방식은 모터가 엔진 측에 장착 모터를 통한 회생 제동, 엔진 시동, 엔진 보조, 기능을 수행한다. 이러한 방식은 엔진과 모터가 직결되어 있고 모터 단독으로 주행이 불가한 단점이 있다. 이 방식을 우리는 소프트(Soft) 타입 시스템의 HEV라고 칭한다.

TMED 방식은 모터가 변속기에 연결되어 전기자동차 주행이 가능하기 때문에 이 방식을 우리는 Full Hybrid Electronic Vehicle 라고 하며 다른 말로 하드(Hard) 타입 HEV 시스템이라고 부른다. 장점은 기존 변속기 사용이 가능하여 비용 절감은 되나 운전자가 운행하는 데 있어 모터에서 엔진 구동 제어 시 정밀한 클러치 제어가 요구된다. 모터가 엔진과 분리되어 있어 주행 중 엔진 시동을 위해 시동을 걸어 줄 무언가가 필요하다. 그것이 HSG(Hybrid Starter Generator)이다. 그 대표적인 자동차가 폭스바겐, 아우디, 포르셰, K5, 쏘나타 등이 있다.

복합형(Power Split type)은 도요타에서 개발하여 엔진과 2개의 모터를 유성기어로 연결하는 변속기 대신 그 자리에 모터와 유성기어를 통해 차 속을 제어하는 방식이다. 전기자동차로 오랜 시간 주행이 가능하며 고용량의 모터가 필요한 장단점이 있으나 효율성이 우수하여 하드 타입 HEV라고 부른다.

1-4. 하드타입과 소프트 타입

하드 타입의 경우 출발 시 주행 저 토크에서는 모터로 출발하며 주행 고토크 등판에서는 모터와 엔진이 어시스트(Assist) 한다. 이후 감속 시에는 감속 에너지를 이용 회생 제동 에너지로 고전압 배터리를 충전한다. 비교적 부하가 적은 구간에서는 순수 전기차 모드로 주

행한다. 마지막으로 정지 시에는 내연기관의 엔진이 자동 정지한다. (오토 스탑 제어)

소프트 타입의 경우 출발부터 엔진과 모터가 어시스트 하며 정속 주행 시 엔진이 구동되고 가속과 등판 구간에서는 엔진과 모터가 구동되며 감속 구간에서는 감속 에너지를 이용 회생 제동을 통한 고전압 배터리를 충전한다. 충전은 소프트/하드 모두 모터가 발전기로 변하여 고전압 배터리로 되돌려 에너지를 충전한다. 교류를 직류로 변환 충전한다. 정차 시에는 엔진을 정지시켜 연료를 절약하는데 이를 "아이들 스탑"이라고 한다.

이때 정비사가 주의할 점은 엔진이 정지했다고 하여 보닛(후드)을 열고 벨트와 같은 구동 계통을 손으로 만져서는 안 된다. 갑자기 고전압 배터리 충전 상태에 따라 엔진이 회전하기에 주의해야 한다. 따라서 소프트 타입과 하드 타입의 구분 조건은 순수 전기자동차 주행이 가능하면 하드 타입으로 간주한다.

1-5. HEV 주행 패턴

운전자가 엔진 시동을 하면 고전압 배터리 전기를 이용하여 HSG(Hybrid Starter Generator)가 시동을 한다. HSG는 내연기관의 크랭크축 풀리와 구동 벨트로 연결되어 HSG가 회전하면 엔진의 크랭크축도 같이 연동으로 회전하여 시동이 이루어진다. 혹 HSG가 고장 나더라도 변속기에 붙은 HEV 모터로 엔진을 시동한다.

내연기관의 가솔린/디젤 차량의 경우와 다른 점이 이것이다. 내연기관의 가솔린, 디젤, LPG/LPI 기관에서는 기동 전동기 고장이 발생하면 시동을 걸 후속타가 없다.

하이브리드 자동차는 EV 모드 주행에서 차량 출발 시나 저속 주행 구간(저 토크 구간)에는 전기모터 동력만으로 주행하게 된다. 이때 엔진과 모터 사이에는 클러치가 있는데 클러치는 차단된 상태로 모터의 회전력이 앞바퀴까지 전달한다. 모터로 동력을 전달할 때는 자동 변속기에 유압을 누군가 만들어야 함으로 그 역할을 EOP(Electric Oil Pump)가 담당을 한다. 이처럼 하이브리드 자동차 작동 시와 엔진 작동 시 각각 제어해야 하는 부품이 의외로 많이 추가 장착된다. 중, 고속 정속 주행 시는 모터에서 엔진 동력을 바퀴에 전달하기 위해 엔진과 모터 사이에 엔진 클러치를 장착하여 변속기 동력을 전달/충격을 흡수한다.

HEV 주행(엔진+모터) 시는 급가속과 등판 주행 시는 엔진과 모터를 동시에 구동한다. 이 모드를 HEV 모드라고 한다. EV 전기모터 주행에서 HEV 주행모드로 전환할 때 엔진의 동력을 연결하는 순간 자동차는 변속 쇼크가 올 수 있다. 이러한 현상을 방지하기 위해 엔진 클러치를 구동하기 전에 HSG를 구동하여 모터 속도와 맞는 엔진회전속도를 구동하여 속도로 마쳐 놓고 서로 동기화되도록 제어한다. 그렇게 하여 부드러운 연결이 되도록 한다. 이것은 현대자동차 유일한 기술력이라고 할 수 있다.

하이브리드가 처음 나올 시점에 공부했던 거라 현대자동차 기술력을 높이 평가한다. 이런 이야기를 하는 이유는 현재 공부하는 대학생이나 초보 정비사에게 전반적인 도움이 되고자 하는 목적이 있으니 국내 기업의 자동차를 기본 공부하는 것이 국내 기업을 홍보하는 길이라 생각한다. 매국노 짓은 이제 그만해야 한다. 이건 개인적인 관점이니 시비 걸지 말길 바란다.

정속으로 주행 중 배터리 충전의 경우 주행 중 각 제어기는 자동차의 상태를 지속적 모니터링한다. 예를 들어 엔진 단독으로 주행할 때 고전압 배터리 잔량(SOC: State Of Charge) 기준치 이하일 경우 모터의 발전기능을 통해 고전압 배터리를 충전한다.

회생 제동은 감속이나 내리막 제동 시 모터는 발전기로 전환되고 운동에너지를 전기에너지로 변환. 고전압 배터리를 충전한다. 이때 운전자가 제동하면 전체 제동량과 배터리 충전 잔량을 HCU(Hybrid Control Unit)가 연산 제어하여 기계적인 제동량 유압과 회생 제동량을 모터 제동으로 분배한다.

EV 주행 중 충전은 EV 주행 중 고전압 배터리 잔량이 기준치 이하로 내려가면 자동으로 엔진을 구동하여 HSG로 고전압 배터리를 충전하면서 EV 주행을 하게 된다. EV 주행 중 공회전 정지 상태 충전은 고전압 배터리 충전 상태에 따라 기준치 이하로 떨어지면 제어기는 엔진을 강제로 구동하고 엔진이 구동되면 HSG의 발전 기능을 사용하여 고전압 배터리를 충전하고 빼앗긴 전기에너지를 회복한다.

1-6. 플러그-인 HEV=PHEV(Plug-In Hybrid Electric Vehicle)

플러그-인 하이브리드는 기존의 하이브리드 대비 고전압 배터리 용량을 높여 전기자동차 주행 구간을 연장했다고 볼 수 있다. 가정용 전기로 고전압 배터리 약 360V를 충전하여 사용하는 자동차를 말하는데. HEV 차동차 대비 전기자동차 주행 모드 확장으로 연비와 배기가스 측면에서 유리하다. 배터리 용량에 따라 다르나 약 1회 배터리 충전만으로 약 30~60km 정도 주행이 가능하며 그 이상 주행에는 기존 HEV와 동일 또는 다를 수 있다. 하드 타입의 HEV 엔진 OFF 시 계기판 "READY" 점등되면 차량 주행 중에 엔진 구동 없이 모터만으로 주행 가능하다. 이 모드를 EV 전기 모드로 주행할 수 있다.

2 하이브리드 자동차 시스템

1-1. 하이브리드 구성

하이브리드 자동차의 하드 타입은 순수 EV 주행이 가능하며 그 주행이 가능하기 위해서는 여러 가지 부품 및 제어 장치가 기존 내연기관과 다르게 장착된다. 제조사마다 다르나 대용량 모터, HSG, EOP, AHB, 고전압 배터리, 엔진 클러치, AAF, EV 냉난방장치를 작동하기 위한 장치들이 적용된다.(전기모터 주행에서도 브레이크 제동, 공조 장치가 병행해서 동작해야 하므로 필요) 안전을 위하여 여러 장치가 있지만, 고전압 릴레이(PRA)는 고전압 배터리 사양에 따라 최근에는 조금 용량이 다르나 약 450V/80A 사양과 암전류 차단 등 고전압 회로 과전류 보호 퓨즈(450V 125A)가 장착된다.

또한 전장품 보호를 위해 초기 충전 회로를 적용하였다. 그리고 고전압 정비 시 작업자 보호를 위해 배터리에 안전 스위치를 적용하였고 최근 순수 전기차는 EP 룸에 고전압 계통 위급 발생 시 전압을 분리하는 커넥터를 두어 더욱더 안전에 신경을 썼다.

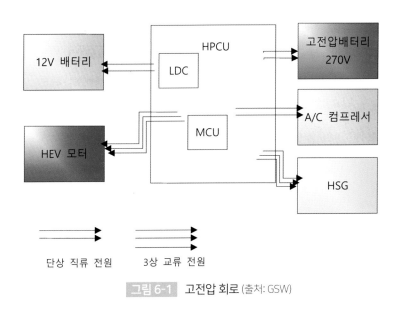

그림 6-1 고전압 회로 (출처: GSW)

진단 공학을 배우는 대학생과 정비사는 관련 부품의 장착 위치를 숙지하고 기존 부품과 다른 부분을 파악하여 학습하는 것이 중요하다. 제작사에서 신차 발표되면 부품의 명칭, 위치, 제어, 원리, 회로의 구성을 알아보고 배선의 고장에 따른 현상 이후 제어 상태를 피드백 받아 정리하여 진정한 명의(名醫)가 되기 위한 조건을 갖추어야 한다. 다음은 차종별 부품 장착 위치는 다르나 해당 차종을 정리하였다.

⟨표 6-2⟩ 부품 장착 위치(차종별 다름)

부품명	장착 위치	부품명	장착 위치
AAF	라디에이터 그릴 뒤	HSG	엔진 흡기매니폴드아래
HPCU	운전석 앞 엔진룸 좌	OPU	HPCU 아래
EWP	동승석 앞 엔진 룸	HEV 모터	변속기와 엔진 사이
EOP	자동변속기 측면	고전압 배터리	트렁크 룸
워머	HPCU 아래	안전 플러그	트렁크 룸

2-2. HEV 모터

HEV 모터는 하이브리드 자동차마다 다르며 여기서 설명할 모터(30kW/205Nm)는 변속기에 장착되어 있으며 가속 시 엔진을 보조한다. 감속 시 모터는 발전기로 변하여 고전압 배터리를 충전한다. 전기 모드 주행 시 변속기 입력축을 직접 회전시켜 전기차로 운행한다. 엔진 구동 중에는 모터가 엔진 출력을 보조하게 된다.

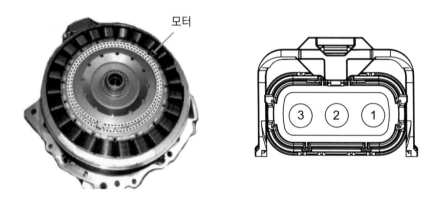

그림 6-2   하이브리드 모터 및 모터 커넥터 형상(출처: 정비지침서 GSW)

전기모터는 하이브리드 자동차의 핵심 기술이며 하이브리드 모터 시스템은 보통 2개의 전기모터를 장착하고 있다. 그 첫 번째가 운행하기 위한 드라이브 모터이고 주 전원과 엔진에서 스타트 모터와 알터네이터 역할을 하는 HSG(Hybrid Starter Generator)로 구분된다. 구동 모터는 운행 중 소음 진동, 소란스러움을 최대한 낮추고 연료 효율성을 좋게 한다.

전기모터는 전원 출력을 높이기 위해 가속페달을 밟으면 연료 절약 모드에서 엔진이 작동하고자 할 때 적절히 엔진을 도와준다. 그리고 전기모터는 감속 시나 고전압 배터리 충전하기 위해 운전자가 내리막 제동할 때 발전기 역할을 한다. 이것은 순수 전기자동차와 동일하다.

　3개의 코일을 각각 120도 간격을 두고 엮어 1회전에 3개의 상을 동시에 만드는 방법으로 최대한 하이브리드는 모터의 사이즈를 줄여 직류 모터와 단상 모터에 비해 효율이 높아지기에 주로 하이브리드 모터에 사용된다.

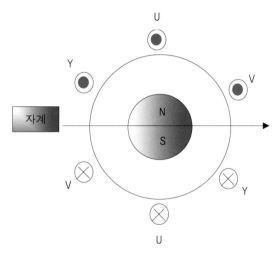

그림 6-3　회전자계와 회전자 속도 동기

다음은 모터 회로를 나타낸다.

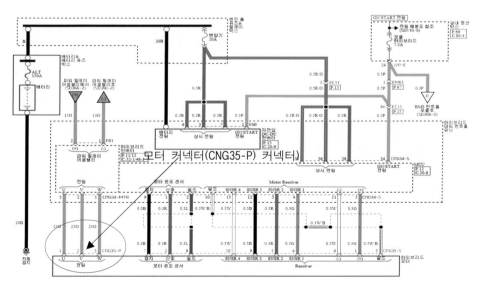

그림 6-4　하이브리드 모터 회로도 (출처: GSW)

이 모터는 고효율, 고출력, 고토크를 얻을 수 있고 자동차뿐만 아니라 세탁기, 에어컨 등 가전제품에 이르기까지 폭넓은 사용을 하고 있다.

동기모터라고 함은 고정자 코일에 감긴 권선 코일에 MCU 제어에 의한 3상 교류 전원을 흘려주어 회전자계가 형성되면 회전자에 내장된 자석과 전자기적 상호작용에 의한 회전 토크가 발생하여 그 힘으로 모터가 회전하게 된다. 이는 고정자에 인가되는 회전자계의 속도와 회전자의 실제 회전속도가 같아서 동기 모터라고 한다.

구동 모터는 자동 변속기와 일체로 설치되며 오일을 통해 냉각된다. 오일은 약 3분의 1만큼 채워지며 오일이 변속기로 유입되어 윤활하며 다시 오일 냉각기로 들어간다. 모터의 절연 저항은 U, V, W 상 모두 10㏁ 이상이다. 모터 내부에는 온도센서가 내장되고 온도센서 규정 저항 상온 20℃에서 약 126.8㏀ ±5%이다.

일반적 모터 교환 시 주의 사항으로는 영구 자석은 우리가 생각하는 일반 자석이 아닌 페라이트(스피커 자석) 자석에 비해 약 10배 이상 수준으로 자력이 강한데 주로 휴대폰, 신용카드, 통장 등에 영향을 줄 수 있다. 대학교 실습이나 정비 시 주머니에서 먼저 빼낸 후 작업하길 바란다.

2-3. HSG(Hybrid Starter Generator)

HSG는 크랭크축 댐퍼 풀리와 구동 벨트로 연결되어 있다. 엔진 시동 기능과 발전 기능을 수행한다. 즉 하이브리드 스타터 제네레이터(HSG)는 자동차가 운행 중에 엔진이 정지 시 엔진을 시동시킨다. 전기차 모드(EV Mode) 주행에서 HEV 모드 전환 시 엔진 시동을 건다. HSG는 EV 모드 주행 중 엔진과 모터의 부드러운 연결로 충격을 덜어 준다.

HSG는 엔진의 속도를 빨리 올려 HEV 모터 속도와 동일(同一)한 속도로 동기화 후 엔진 클러치를 연결하여 회전, 변속 진동을 줄여 준다. 이것이 핵심 기술이다. 그리고 시동 OFF 시 엔진 진동을 최소화하기 위해 엔진 회전수를 제어하는데 이 제어를 소프트 랜딩 제어(Soft Landing)라고 한다.

HSG 자동차에서 분리하려면 다음과 같은 절차를 따라야 한다. 먼저 고전압을 차단해야 하며 고전압 차단 절차는 정비지침서 참고 준하여 작업한다. 첫 번째로는 트렁크 트림을 열어 보조 배터리 (-)단자를 분리한다. 그리고 인버터 냉각수를 드레인하고 드레인을 빠른시간 작업하기 위해 리저브 캡을 제거한다. (하이브리드 모터 냉각 시스템 참조: 정비지침서)

다음은 흡기매니폴드를 탈거한다. HSG 고압 파워 케이블 커넥터를 분리한다. 또한 작업에 방해가 될 것은 정리하고 작업 공간을 만든다. 오일 압력 스위치(OPS)커넥터, 에어컨 컴프레셔 스위치 커넥터, HSG 센서 커넥터를 분리한다. HSG에서 냉각 호수를 분리한다. 드라이브 벨트를 제거한다. HSG 본체를 탈거한다. 감전 및 안전에 주의하여 작업한다.

다음은 HSG 회로도를 나타낸다.

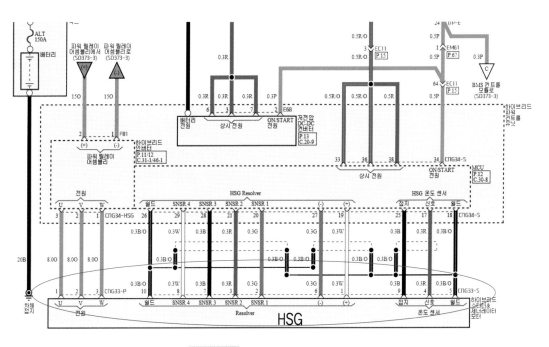

그림 6-5 HSG 회로도 (출처: GSW)

HSG는 고전압 배터리 충전량에 따라 전압량이 기준 이하로 저하 된 경우 엔진을 강제적으로 시동하고 HSG를 통해 고전압 배터리를 충전한다. 이를 고전압 배터리 발전제어라고 한다. 다음은 실 차에서 HSG와 HPCU 정착 위치이다.

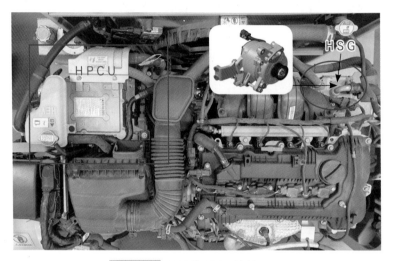

그림 6-6 HSG와 HPCU (출처:GSW)

HSG 커넥터의 경우 총 10핀으로 구성되며 1번 핀은 레졸버 +, 2번은 레졸버 S1, 3번 핀은 레졸버 S2, 4번 핀은 온도센서 전원, 5번 핀은 실드, 6번 핀은 레졸버 -, 7번 핀은 레졸버 S3, 8번 핀은 레졸버 S4, 9번 핀은 온도센서 접지, 10번 핀은 실드 접지이다.

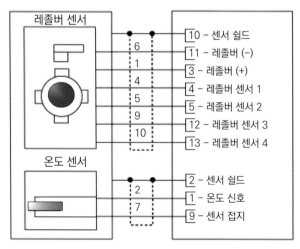

그림 6-7 레졸버 센서 회로도(구동 모터/HSG)

HSG 1번-6번 핀(레졸버+, -) 저항은 표준온도 20℃에서 14.2~17.4Ω이고, 2번-7번 핀 저항은 26.1~32.0Ω이 측정된다. 마지막 3번-8번 핀은 26.1~32.0Ω이 측정된다. 정비 시 참조 바란다. 여기서 레졸버 센서는 구동 모터를 효율적으로 제어하기 위해서는 모터 회전자(영구 자석)의 위치를 항상 알고 있어야 모터의 힘을 발휘할 수 있다.

모터 관련 작업할 경우 레졸버 보정 작업은 반드시 필요하다. 모터의 생산 및 조립 시 발생하는 모터의 회전자와 고정자의 하드웨어 편차를 인식하는 작업으로 이 작업을 통해 ECU는 모터의 회전자 위치를 정확하게 확인한다. 보정 작업은 모터 및 인버터 교환 시 반드시 해야 하며, 진단 장비로 손쉽게 할 수 있다. (참고: 전기자동차도 동일한 작업이 요구된다.)

2-4. 엔진 클러치

자동차가 EV 모드로 운행하다가 엔진 동력으로 전환할 때 정지된 엔진의 상태를 회전하고 있는 모터와 충격 없이 연결하는 것이 중요하다 하겠다. 엔진 클러치는 엔진과 모터 사이에 엔진 동력을 모터로 연결하는 부품이며 자동 변속기 내부에 위치한다. HEV 모터에서 엔진으로 전환할 때 HCU는 시동 모터 역할을 하는 HSG를 구동하여 시동하고 엔진 회전속도를 자동 변속기 입력축 속도까지 재빨리 높여 엔진과 변속기 속도 차가 거의 없도록 제어 HCU는 엔진 클러치 연결에 필요한 목표 유압을 자동 변속기 ECU로 명령한다.

목표 유압은 자동차 토크와 변속기 오일 온도를 고려하여 설정되며 자동 변속기 ECU는 변속기 밸브 바디 내 엔진 클러치 솔레노이드를 제어한다. 도요타 프리우스 차종의 경우 변속기 내부에 모터와 발전기가 있어 엔진 룸 공간을 협소를 줄이고 자동변속기 대신 변속기 내부 유성기어 장치를 장착하여 특허로 하이브리드 자동차를 만들고 있다. 그 관계로 자동차 제작사는 자작으로 연구 특허로 내고 각 회사가 추구하는 방법보다는 우리가 필요로 하는 효율적인 방법으로 하이브리드 자동차를 생산하고 있다.

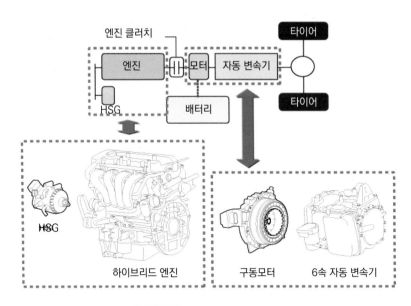

그림 6-8 하이브리드 개략도

솔레노이드 공급 전류는 약 50~850mA이며 제어 압력은 약 0.1~5.1kgf/㎠ 평상 시 전류를 가하지 않으면 항상 열려 있다. 또한 이 밸브는 가변 압력 솔레노이드 밸브이다. 혹시나 HCU가 고장이 나거나 관련 부분 배선 문제로 통신 문제가 발생하면 자동 변속기 ECU가 단독적으로 엔진 클러치를 제어한다.

또한 둘 다 고장이 발생할 확률은 낮지만, 혹시 고장이 둘 다 난다면 엔진 클러치는 차단 상태가 된다. 이때는 엔진으로는 주행이 불가하다. 이 경우 HEV 모터에 의해 주행한다. 엔진이 정지 상태이면 재시동하여 HSG에 의한 고전압 배터리를 충전한다. 결과적으로 엔진 클러치가 고장 나면 엔진 기동이 가능한 조건에서 EV로 주행한다.

이러한 이유로 고전압 배터리 에너지 소모량이 많아지는 관계로 엔진을 돌려 엔진 동력으로 HSG는 발전하고 고전압 배터리를 충전한다. 이 모드를 우리는 Series HEV 모드라고 말한다.

2-5. 고전압 배터리와 BMS

처음 하드타입 적용된 고전압 배터리는 DC 270V로 트렁크 룸에 장착된다. 리튬이온 폴리머 배터리로 3.75V의 9 모듈 1개의 모듈에 8셀이 들어 있고 셀이 72개로 구성된다. (1팩=270V= 9 모듈×8셀×3.75V)

BMS는 각 셀당 전압, 전류량, 온도 값을 받고 BMS에서 연산 된 SOC 값을 HCU로 보내어 HCU는 이 값을 토대로 고전압 배터리를 제어하게 된다. 과충전 안전성을 위해 배터리 전류를 차단하는 구조가 적용되었다.

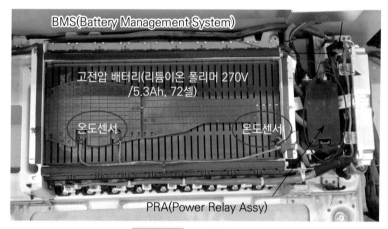

그림 6-9 고전압 배터리

PRA는 IG/OFF 상태에서는 메인 릴레이 차단하여 고전압을 분리한다. 메인 릴레이는 PRA 내부에 장착되고 실습 또는 정비 시 대학이나 정비사(Technician)가 정비하기 위해 분해 시는 고전압 감전에 주의해야 한다. 또한 고전압 배터리 충전으로 배터리 온도가 올라가는 것을 방지하기 위해 냉각팬을 적용하였으며 냉각 덕트의 입구는 차량 내부 선반에서 외부로 연결되어 더운 공기가 빠져나가게 설치되었다.

차량 뒤쪽 선반에 옷이나 물건을 올려놓지 않을 것을 권장한다. 어찌 되었든 외부 공기가 유입되고 배터리를 냉각시켜 더운 공기는 외부로 배출된다. 하이브리드 자동차 고전압 배터리는 사실상 전기자동차 배터리에 비하면 용량이나 배터리 크기에서 차이를 보인다. 가장 이상적인 배터리는 적은 용량의 배터리로 오랜 시간 사용하고 충전을 자주 하지 않는 배터리일 것이다.

다음은 배터리 모듈 일부를 나타내었다.

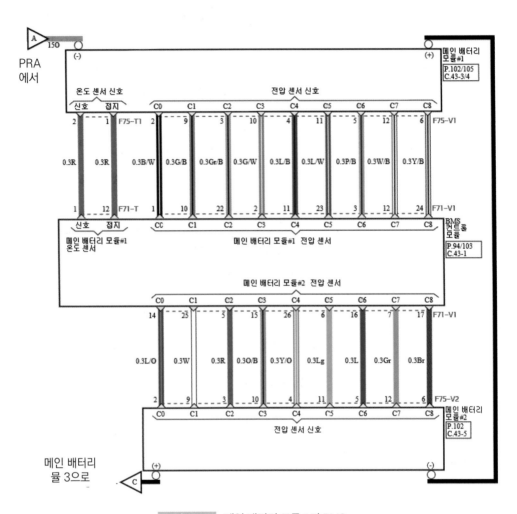

그림 6-10 | 메인 배터리 모듈 1과 BMS

과거 아반떼 고전압 배터리는 리튬이온 폴리머 고전압 배터리로 셀의 개수가 48셀로 구성된다. 하여 3.75V×48셀로 180V 고전압 배터리이다. 이후 K-5 Hybrid 초기 모델은 270V의 배터리 팩의 사양으로 270V, 5.3Ah, 34kW 셀당 전압이 2.5V~4.3V(3.75V)이다. 순수 전기차는 약 360V, 78Ah~180Ah, 28kWh~64kWh 까지 다양하다.

서브 배터리팩

블로워 모터

메인 배터리팩

그림 6-11 플러그 인 하이브리드 고전압 배터리 360V

최근 순수 전기차의 경우 제조사마다 다르나 $3.63V \times 90$셀로 $327V$의 고전압 배터리도 있다.

반드시 절연 보호 장구 착용

30V
이하
측정
정상

인버터

고전압 배터리 팩

파워
케이블

파워 릴레이
어셈블리(RRA)

인버터 상세도

그림 6-12 인버터 전압 측정 (출처: GSW 정비지침서)

다음은 고전압 차단 절차를 설명하고자 한다. 정비 시 반드시 숙지해야 한다. 정비하다 죽으면 얼마나 억울한가. 그만큼 알고 정비하라는 뜻이다. 먼저 점화 스위치를 Off 한다. 보조 배터리 12V의 (-) 케이블 탈거한다. 트렁크 러기지 커버 보드를 탈거 후 사이드 러기지 폼을 탈거한다. (차종별 트렁크 트림 분해를 참조)

장착 볼트 10mm를 풀고 안전 플러그 커버를 탈거한다. 잠금 후크를 들어 올린 후 안전 플러그를 탈거한다. 안전 플러그를 탈거하고 인버터 내에 있는 커패시터의 방전을 위하여 반드시 "5분 이상" 대기한다. 인버터 커패시터 방전 확인을 위하여 인버터 단자 간의 전압을 측정한다. 인버터 파워 케이블을 분리하고 인버터의 (+) 단자와 (-) 단자 사이의 전압값이 30V 이하가 측정되는지 점검한다. 30V 초과 시 고전압 회로 이상이 있으니 점검 후 재정비해야 한다.

그림 6-13 파워 릴레이 어셈블리/PHEV

고전압 배터리는 몇 V의 화학적 기전력을 가지고 몇 개의 셀을 직, 병렬하였는가에 따라 고전압 배터리 가용 전압이 달라진다. IG START 시 프리 챠지 릴레이 ON 이후 메인 릴레이(-) ON 되고 커패시터 충전 이후 메인 릴레이(+) ON 프리 챠지 릴레이 Off 된다.

시동 Off 시에는 파형과 같이 메인 릴레이 (+), (-)를 동시에 끊어 버린다. 고전압 릴레이(PRA)에는 고전압 차단 고전압 릴레이, 퓨즈, 초기 충전회로, 배터리 전류 측정이 있으며 고전압 배터리는 출력 보조 시 전기에너지 공급하고 충전 시에는 전기에너지를 저장한다. 플러그인 하이브리드부터 CMU가 장착된다. 그림 6-14는 고전압 배터리 제어를 위해 릴레이 붙이는 순서를 파형으로 나타내었다.

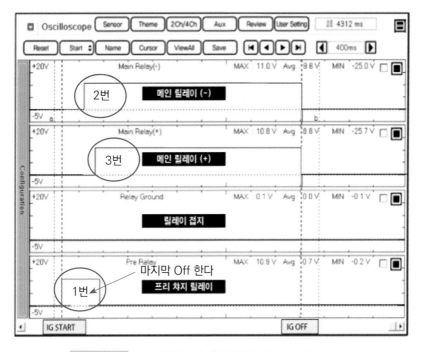

그림 6-14 PRA 작동 순서 파형 측정 (출처: 정비지침서 GSW)

CMU는 각 고전압 배터리 모듈 측면에 장착되며 각 고전압 배터리 모듈의 온도, 전압, VDP(Voltage Device Protection:과충전 보호 시스템)를 측정하여 BMS ECU에 전달하는 기능을 한다.

그림 6-15 고전압 배터리 CMU

제작사마다 다르나 냉각팬은 메인 커넥터 BLDC 모터로 구성되어 고전압 배터리 냉각 상태에 따라 BMS ECU의 PWM 신호에 의해 BLDC 모터를 9단의 속도 제어한다. 듀티가 약 10%인 경우 약 500rpm, 20%는 1,000rpm, 30%는 1,300rpm으로 제어한다. 최대 95%에서는 약 3,850rpm으로 제어한다.

　　고전압 배터리 옆 부분에는 BMS가 장착되며 BMS는 배터리 충전 상태를 예측 진단하여 상위 제어기인 HCU에 보낸다. 그리고 고전압 릴레이 및 냉각팬을 제어한다. BMS는 SOC 추정, 파워 제한, 릴레이제어, 냉각제어, 셀 밸런싱을 진단한다. 순수 전기차와 플러그-인 하이브리드 (Plug-in Hybrid)로 오면서 BMS를 BMU(Battery Management Unit)라고 한다. 이때부터 CMU를 장착 배터리 셀 밸런싱 만을 제어한다.

2-6. 인버터(MCU: Motor Control Unit)

　　하이브리드 자동차 인버터는 MCU 기능 중 하나이며 고전압 배터리는 직류로 모터를 구동하기 위해서 3상 교류 전원이 필요하다. 인버터는 직류를 교류로 바꾸어 모터와 HSG에 공급하여 자동차 구동 토크를 제어한다. 최대 650V의 수준의 고용량을 적용하였다.

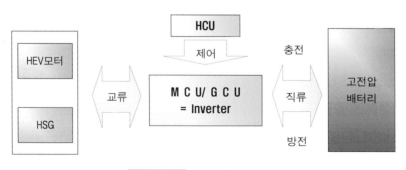

그림 6-16　모터 제어기(MCU)

　내리막길과 같은 제동과 감속 시는 자동차 관성 운전에 의한 운동에너지를 모터의 발전기능으로 만들어진 3상 교류 전원을 다시 직류로 바꾸어 고전압을 충전한다. 하이브리드 자동차는 전력 변환 장치 LDC, MCU, HCU가 하나로 통합되어 엔진 룸 좌측에 있다고 했다. MCU는 자동차에 2개의 모터(HSG, 구동 모터)에 고전압 전력을 공급하고 주행에 따라 HCU와 통신을 통하여 2개의 모터를 최적으로 제어한다.

　고전압 배터리 직류로 모터 작동할 때는 3상 교류로 바꾸어 2개의 모터에 공급하고 또한 HCU 명령을 받아 모터 구동 전류제어와 감속과 제동 시에 모터는 발전기 역할을 하여 배터리 충전을 한다. 이는 3상 교류를 직류로 바꾸는 일을 한다. 일명 MCU는 인버터(Inverter)라고 부른다. 또 도로 주행 상황에 따라 구동 모터와 HSG가 발전기 역할을 할 경우 인버터는 컨버터(AC-DC Converter)의 역할을 행하기도 한다.

　구동 모터용 토크 최대 245A 정격용량은 650V/400A 파워 모듈이다. HSG 토크 제어 용은 최대 용량 125A이며 정격용량 650V/200A 파워 모듈이다. 그림 6-17은 MCU 회로를 나타내었다.

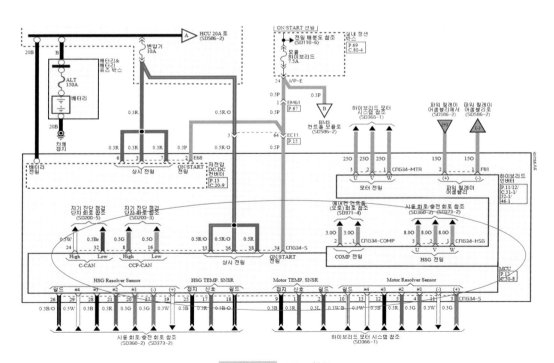

그림 6-17 MCU 회로

MCU 주요 내부 구성품은 커패시터, 전류센서, 제어 보드, 파워 모듈로 구성된다. 먼저 커패시터는 평활장치로 전압이 불안정하여 전압 보정하기 위해 사용되는데 평소에 전기를 저장해 두어 최대 600V/약 600㎌ 용량의 콘덴서를 적용하였다. 높은 용량의 전류가 존재함으로 전류를 방전시키는 데 시간이 필요하고 그 시간이 대략 5분인 것이다. 그래서 안전 플러그를 탈거 후에도 약 60V 이하로 떨어지려면 시간이 필요한 것이다.

전류센서는 모터에 흐르는 전류를 감지하는데 모터 제어기가 모터로 입력되는 전류를 감지해서 모터의 출력을 제어하는 데 주로 사용된다. 구동 모터용과 HSG 모터용이 서로 다르며 호환성이 없고 전류센서는 모듈 내부에 내장된다. 제어 보드는 한 개의 CPU가 2개의 모터를 제어한다. 모터 제어뿐만 아니라 파워 인버터 모듈 과열 보호, 고장 감지, 모터 역회전 금지, 모터 온도 보상 회로 등이 있다. 파워 모듈은 DC 전원을 AC 전원으로 바꾸고 고속 스위칭 작용을 통하여 제어한다. 구동 모터 용량 400A, 200A가 적용되었다.

자 그럼 제어 모듈을 구동시키기 위해서 우리 대학생들은 무엇을 공부해야 하겠는가. 모터 제어기의 입, 출력 요소를 알고 있어야 하지 않겠는가. 그 첫 번째로 MCU(Motor Control Unit)/GCU(Generator control Unit)의 입력 요소가 보조 배터리 전원과 차체 접지이다. 사람이든 기계든 일을 시키려면 무엇이든 먹어야 에너지가 생기니 말이다. 전원과 접지를 주는 것이 그런 일일 것이다.

따라서 하이브리드 자동차는 보조 배터리 방전이 되면 제어 모듈이 일할 수가 없다. 그래서 모터도 HSG도 구동할 수 없다. 그리고 통신도 빨리빨리 이루어져야 무슨 일이든 빠른 속도로 처리하지. 그래서 CAN 통신을 쓰는데 2개의 통신으로 나누어 놓았다. 섀시와 하이브리드 CAN으로 또한 내부 일을 많이 하니 열이 생기고 그 일로 인해 열을 식혀야 하므로 전동식 워터펌프가 적용되어 열을 식히고 있다.

여기서 또 알아야 할 것은 고전압 케이블은 오렌지 색상이라고 전자(前者)에서 말했는데 주행 조건에 따라 충, 방전이 이루어지고 각각의 케이블의 단선 단락을 감지하여 절연 저항을 체크 한다. 또한 고장 코드도 지원하는데 간혹 이 고전압 배선에 오실로스코프 장비를 연결하여 파형을 측정하는 어리석음은 없길 바란다. 멀쩡한 자동차 고장 난다. 전기모터 구동 불가로 파워 릴레이 제어를 중지한다. BMS가 말이다.

2-7. LDC(Low Voltag DC-DC Converter) 제어

LDC는 하이브리드 자동차에서 내부 편의/안전/주행 장치 시스템에 12V 전원을 공급한다. 이유는 여러 가지가 있겠으나 감전 그리고 효율 측면일 것이다.

저전압 직류 변환 장치(LDC)

파워 아웃렛 터미널

접지 터미널 단자

그림6-18 저전압 직류 변환기

내연기관 자동차는 기존 배터리 충전을 알터네이터(발전기)가 담당했는데 하이브리드 자동차는 벨트 타입 구동의 알터네이터가 삭제되고 LDC가 고전압을 저전압으로 다운하여 편의/안전/주행 장치 시스템에 12V 전원을 공급한다. 그리고 보조 배터리의 충전도 담당한다.

정확히 말하면 14V 전원을 공급한다. 친환경 하이브리드 내연기관의 알터네이터 발전기가 사라지면서 장점은 엔진 부하를 줄여 자동차 연비를 향상하고 EV 모드 주행 시에도 지속적인 전장 전원 공급이 가능하기에 여러 장점이 있다.

LDC는 하이브리드 파워 컨트롤 유닛(HPCU)에 포함되어 있으며 고전압 배터리의 전압을 저전압(12V)으로 변환하여 알터네이터와 같은 보조 배터리를 충전하는 역할을 한다.

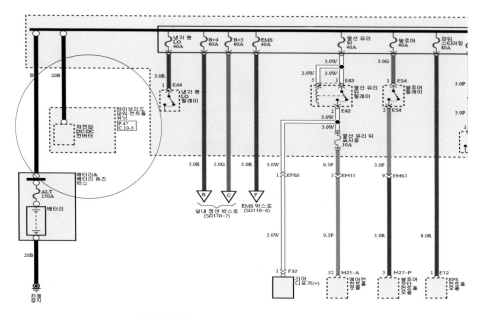

그림 6-19 하이브리드 컨버터 유닛 내의 LDC

입력 전압은 약 240~413V이고 출력 전압은 약 12.8~14.7V이다. 정격 파워(kW/V)는 약 1.8kW/약 13.9V 출력된다. 전장 부하 공급, 보조 배터리 충전이 주목적이고 냉각 방법으로는 수랭식을 사용하고 있다.

HEV에 적용된 LDC 시스템은 고전압 배터리에 연결되어 엔진 정지(아이들 스탑) 시 엔진과 무관하게 12V 전압을 안정적으로 공급하고 주위 온도가 변하여도 일정한 출력 전압을 가질 수 있다. LDC 내부를 살펴보면 270V 고전압이 먼저 필터 부, MOSFET, 트랜스포머, 다이오드, 필터를 거쳐 12V 직류 전압이 출력된다. 여기서 필터 부는 고전압 노이즈와 AC 성분을 제거하는 역할을 한다.

MOSFET는 인버터의 IGBT와 같은 스위칭 소자로 고속의 스위칭 작업이 가능하다. FET에 고전압이 인가되어 DC 속성이 AC 속성으로 변환되고 이후 트랜스포머

(Transformer) 회로를 거쳐 정류회로 및 출력 필터 지나 저전압 DC로 변환한다. 트랜스포머는 1, 2차 코일 권 수에 따라 트랜스포머 내부에 전압이 다운(Down)된다. 따라서 트랜스포머에 의해 고전압과 저전압이 전기적으로 절연된다. 1차 쪽은 270V, 2차 코일 쪽은 12V가 측정된다. 다이오드는 AC 전원 규정된 진폭 이내로 조정하는 역할을 한다.

마지막 출력 필터는 평활한 파형을 만들며 AC 속성을 DC 속성으로 변환하여 보조 배터리와 전장 전원을 공급한다. LDC 주행 중 전압 제어를 살펴보면 다음과 같다. 정지 시는 최고의 수준의 전압을 출력하여 보조 배터리(12V) 충전한다. 이후 가속 시는 EV 모드로 가속 시 보조 배터리는 방전되고 LDC는 최소한의 전압을 출력한다. 정속 주행 시는 엔진이 작동 중인 HEV 모드에서는 LDC는 보조 배터리를 충전하고 EV 모드 주행 시 보조 배터리는 방전되고 이때 LDC는 최소 전압을 출력한다. 감속 시는 고전압 배터리가 회생 제동으로 충전되고 보조 배터리는 LDC에서 출력된 적정 전압으로 충전하게 된다.

엔진 OFF 시(아이들 스탑)는 보조 배터리 방전되나 과다하게 방전되는 것을 제한하기 위해 특정 시간 주기로 최대, 최소 전압을 출력하여 배터리 방전을 막는다.(단 헤드램프 ON, 와이퍼 작동, 블로워 MAX 작동, 외부 온도가 0℃ 이하 특정 부하 작동 시는 위 가변 제어를 금지한다.)

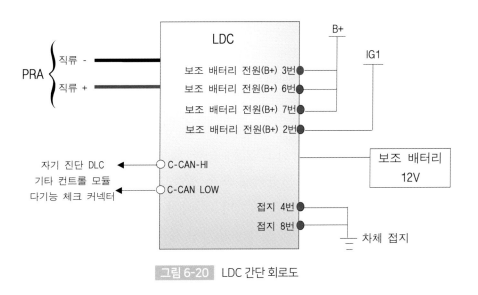

그림 6-20 LDC 간단 회로도

2-8. 공기 유동 제어기(Active Air Flap)

　액티브 에어 플랩은 앞 범퍼 라디에이터 그릴과 라디에이터 사이에 장착되어 그릴 사이 통기 구멍을 막고 닫음으로 엔진 룸 내부에 흐르는 공기량 제어 연비 향상, 엔진 워밍업 성능 향상 공력 성능 향상이 좋아진다. 다음은 회로도를 나타낸다.

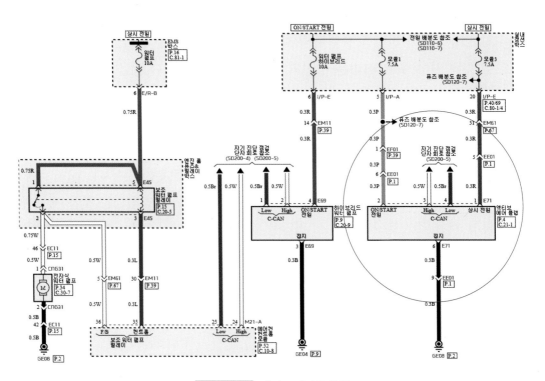

그림 6-21 액티브 에어플랩 회로도

　여기서 공력이란 공기가 유동하고 있는 운동 특성 중 공기 속에서 운동하는 물체는 위로 뜨려는 힘인 양력과 저항력을 모두 받는다. 이들 힘을 크거나 작게 하여 효율적인 운동을 가능케 하는 것을 말한다. 따라서 플랩을 열고, 닫음으로 제어는 C-CAN(섀시-캔)으로 제어하는데 엔진의 냉각수 온도, A/C의 냉매 압력, 차 속, 외기온도, 모터, 인버터, HSG 온도, 자동 변속기 오일의 온도에 의해 결정한다.

CAN 통신을 통해 EMS, FATC, TCU, MCU와 LDC로부터 자동차의 정보 신호를 받으며 이 정보를 통하여 AAF 컨트롤은 모터를 조정하여 라디에이터 그릴에서부터 들어오는 공기의 흐름을 조절한다.

고속 주행 중에는 공기의 저항을 줄여 연비향상 시키고 에어 플랩을 닫음으로 주행 안정감을 높인다. 그로 인하여 엔진 룸의 온도가 상승함으로 인해 이때는 에어 플랩을 열어 온도를 낮춘다. 또한 에어컨 작동 시는 에어 플랩을 열어 냉매 압력을 유지시키고 냉간 시동 시에는 에어 플랩을 닫음으로써 엔진 예열시간을 단축한다.

2-9. 액티브 하이드로닉 부스터(Active Hydraulic Booster)

하이브리드 자동차는 전기차 모드로 주행할 때 브레이크 작동 시 진공(부압)을 만드는 장치가 따로 있어야 하는데 그 진공장치가 바로 액티브 하이드로닉 부스터 이다. 이것이 있어 전기 모드로 운행 시 제동을 원활히 할 수 있다.

그림 6-22 AHB 구성

따라서 전기 모드로 주행에서 제동력을 확보하기 위한 시스템이다. 자동차가 잘 달리는 것도 중요하지만 안전하게 잘 서는 것도 매우 중요함으로 이런 두 가지 모드로 운행하는 자동차에선 필히 적용되어야 하는 시스템이다.

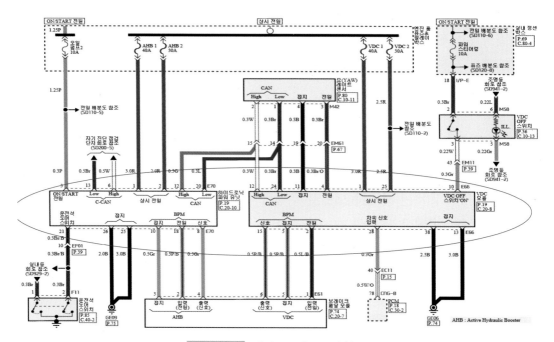

그림 6-23　액티브 유압 부스터 회로도

AHB는 진공 배력식 브레이크 장치에 밟는 힘(답력)에 익숙한 운전자에게 거부감을 없애기 위해 페달 시뮬레이터(Pedal Simulator)가 적용되었다. 최근 순수 전기차는 조금 변형된 시스템을 사용하고 있다. 시스템 구성 품목으로는 HPU(Hydraulic Power, Unit), BAU(Brake Actuation, Unit), VDC(Vehicle Dynamic Control)로 나눌 수 있다.

HPU는 제동에 필요한 유압을 생성하는데 운전자가 페달을 밟았을 때 진공에 의하여 배력되는 것과 마찬가지로 브레이크 마스터 실린더에 증압된 브레이크액의 유압을 공급함으로 4개 바퀴의 브레이크 라인 압력을 제공한다.

압력 센서 기반으로 3개의 피스톤 펌프가 적용되고 솔레노이드 밸브와 구동 모터는 전류제어를 한다. HPU는 내부 솔레노이드 밸브 5개와 압력 센서 3개, 펌프 피스톤 3개로 구성되어 있다. 외부로는 어큐뮬레이터, 모터, 제어 ECU가 있다.

고압 어큐뮬레이터는 질소 가스가 충전되어 있고 작동 유압은 약 140~180bar이며 작동 유량은 약 140bar에서 약 18cc 정도이다. 내부 질소 가스가 충전되어 모터 작동 시 HPU 내에 맥동을 흡수할 수 있는 안정된 유압을 제공한다.

ECU는 브레이크 스위치 작동 시 일을 하기 시작하는데 브레이크 페달 센서는 2개의 신호로 입력되어 배선의 접촉 불량으로 오인될 신뢰성을 확보하였다. IG OFF 상태에서 IG ON 시 계기판에 브레이크 경고등이 점등되어 3초 후 소등되면 AHB의 시스템은 정상이다. 하겠다. 매 자기진단을 실시한다.

BAU의 경우는 HPU에서 생성된 압력을 VDC를 통하여 4개의 바퀴의 캘리퍼에 압력을 전달한다. BAU는 운전자 페달과 연결되어 운전자 제동 요구량과 제동 느낌을 제공한다. 외부 모양은 유압 부스터 타입으로 부드럽고 안정감 있는 페달 느낌을 확보하였다. 고장 시 제동 안전성 확보를 위해 진공 타입 부스터 승압 성능보다 HPU 압력 송출을 증대한다.

브레이크 마스터 실린더 내부에 부스팅 챔버와 시뮬레이터 챔버 사이에 격리 갭을 두어 HPU 작동 및 회생 제어에 따른 운전자가 브레이크를 밟을 때 페달 감의 변화가 없도록 하였다.

VDC는 기존 제어와 마찬가지로 ABS, TCS, VDC 제어를 수행한다. 기존 기능과 더불어 PBA(Panic Brake Assist) 기능이 있다. 이 기능은 안전 기능으로 브레이크 작동 시 빠른 보상 압력 주기 위한 기능이다. 입력 신호로는 마스터 실린더 압력 신호와 휠 스피드 센서 신호이다. 출력으로는 브레이크 압력을 제어한다. 또 하나는 HAC(Hill-Start Assist Control)로 언덕 주행 중 앞차가 서서 다시 출발 시 브레이크 페달에서 악셀레이터 페달까지 가기 전 차량 밀림을 방지한다.

입력 신호로는 종 G 센서와 마스터 실린더 압력 센서, 엔진과 변속기 D, R 정보가 CAN 신호로 입력된다. 마지막으로 BAU 탈부착을 했다면 영점보정을 해야 한다. 페달과 압력 센서 보정 시점은 페달 어셈블리 교체 후, HPU 교체 후, 고장 코드 C1380(옵셋 보정)이나 C1379(신호 이상)에 검출될 경우 실시한다.

자동차 옵셋 보정은 정지 상태이며 페달을 밟지 않은 상태이고 자동차 진동이 없는 상태에서 실시해야 한다. 센서류는 단품 공급 안 되는 관계로 문제 시 페달 어셈블리 교환하는 것이 원칙이며 교환 후 보정 작업을 실시해야 한다. (진단 장비 사용)

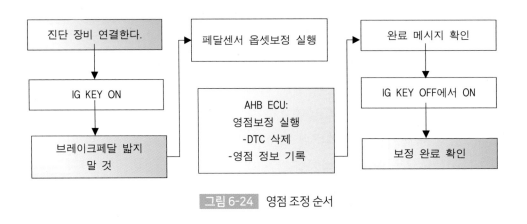

그림 6-24 영점 조정 순서

2-10. 전기식 워터펌프(Electric Water Pump)

먼저 엔진에 기계적 워터펌프는 외곽 벨트에 의해 작동되며 전기식 워터펌프는 HSG와 HPCU를 냉각하기 위해 냉각수를 강제로 순환하고 냉각수를 저장하는 리저브 탱크와 인버터 쿨러(냉방기)가 장착되어 있다.

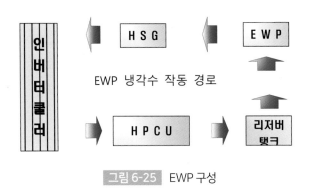

그림 6-25 EWP 구성

EWP 작동 조건은 제작사마다 다르나 HPCU 온도가 45℃ 이상이거나 냉각수 온도가 35℃ 이상일 때 작동한다. (OR 조건) EWP 비작동 조건은 HPCU는 40℃ 이하, 냉각수 온도가 30℃ 이하일 때 비작동 조건이다. (AND 조건)

이 계통을 정비 시에는 엔진 내부 냉각수 에어 빼기 작업과는 아주 다르다. 먼저 냉각수 주입요령과 공기 빼기를 설명한다.

1. GDS, HI-DS, 스캔 장비 등을 자동차 진단커넥터에 연결한다. 제조사마다 다르나 보통 운전석 좌측 페달 상단에 커넥터가 위치한다.
2. 리저브 탱크 캡을 열고 순정 부동액을 물과 희석 규정량 주입 후 진단 장비를 이용하여 EWP 강제 구동한다. (이때 진단 장비 구동 시간이 약 3분 소요)
3. EWP 내부에 물이 없어 에어가 차 있는 경우 EWP 보호를 위해 약 5초간 작동 후 15초간 정지한다. 리저브 탱크에 냉각수를 보충하고 재작동할 때까지 기다린다.
4. EWP가 작동하는 것을 보면서 리저브 탱크에 냉각수를 부족하면 보충하고 레벨을 Max와 Min 사이에 맞춘다.
5. 리저브 탱크의 캡을 열어 내부 냉각수가 원활히 회전 못 하면 약 3~4분 경과 후 진단 장비를 1회 더 구동한다. 따라서 공기 기포가 없을 때까지 에어 빼기 한 후 냉각수 레벨을 규정에 맞춘다. 저자가 실질적으로 현장에서 에어 빼기 작업을 한 결과 조금 오랜 시간이 소요되었다.

2-11. 전동식 A/C 컴프레셔

하이브리드 자동차는 EV 주행하면서 엔진이 정지되어도 운전자의 요구에 따라 에어컨이 작동되어야 한다. 과거 소프트 타입의 하이브리드 자동차는 정지 시 에어컨을 작동하면 아이들 스탑이 안되어 엔진이 지속적 시동이 되어야 했다.

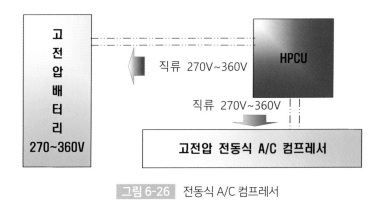

그림 6-26 전동식 A/C 컴프레서

에어컨을 작동하면 아이들 스탑이 안되어 엔진이 지속적 시동이 되어야 했다. 그러나 전동식 컴프레서는 HPCU 전원을 공급한다. 입, 출력 구성을 보면 다음과 같다.

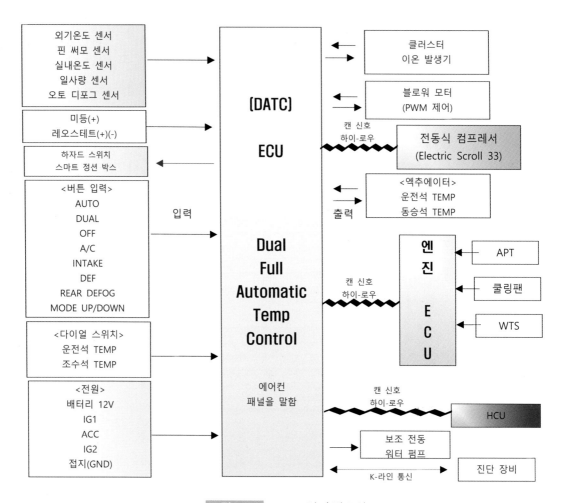

그림 6-27 DFATC 입, 출력 구성

반면에 하드 타입 하이브리드 자동차는 전동식 고전압 컴프레서 적용되어 엔진 시동이 정지되어도 냉방 작동을 할 수 있는 시스템이 적용되었다. 입, 출력 구성을 보면 다음과 같다.

냉매량은 차종에 따라 다르나 $550 \pm 25g$이며 블로워 단수는 8단 블로워 제어

FET(자동), 레지스터(수동)이다. 에바 온도 감지용 핀 서모 센서는 에어 타입 감지 표면 온도를 검출한다.

블로워 모터 단수별 전압과 듀티는 다음과 같다.

1단의 경우 약 3~4V 이때 듀티는 22~25%이다. 2단의 경우는 약 4.6V이고 듀티는 32%이다. 3단의 경우는 약 5.9V이고 듀티는 약 43%이다. 7단은 11.3V이고 듀티는 약 85%이다. 8단은 약 14V이고 듀티는 약 90%이다.

고단으로 갈수록 전압값이 올라가는 것을 알 수 있다. 다음은 전자식 에어컨 컴프레서(압축기) 회로도를 나타낸다.

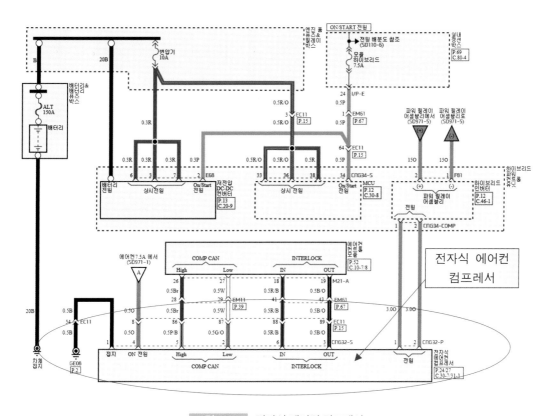

그림 6-28 전자식 에어컨 컴프레서

결국 블로워 모터는 운전자가 FATC의 모터 속도를 올리면 펄스 신호가 PWM (Pulse Width Modulation) 모듈로 입력되고 PWM 모듈은 전압의 크기를 제어하여 모터 속도를 결정한다. 이때 참조 값으로 참조하길 바란다. 물론 차종별로 다르나 최근 자동차는 이러한 원리를 이용하여 블로워 속도 및 냉각팬 제어를 한다.

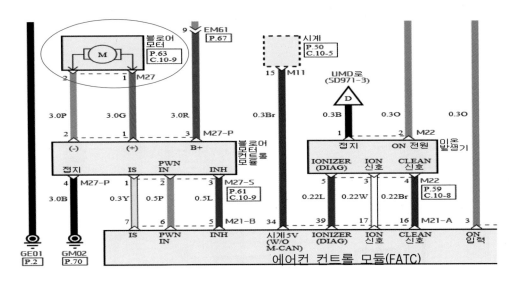

그림 6-29   에어컨 컨트롤 모듈

블로워 모터의 작동 전압은 약 8~18V이다. 여기서 PWM 제어는 따로 설명하지 않겠다. 스마트자동차 실무편 전자에서 설명되어 있다.

2-12. 전동식 보조 워터펌프 (난방제어용)

하이브리드 자동차는 EV 모드 주행 시 엔진이 정지되어 있을 때 운전자는 운행 중에 난방제어 히터를 작동할 수 있을 것이다. 그래서 PTC 히터나 엔진에 의해 데워진 냉각수를 히터 유니트(히터 코어)로 순환하여 유니트 뒤에 선풍기(블로워 모터)를 틀어 난방제어 풍량을 토출하는데 하이브리드는 엔진 정지 구간이 있어 전동식 보조 워터펌프가 장착된다.

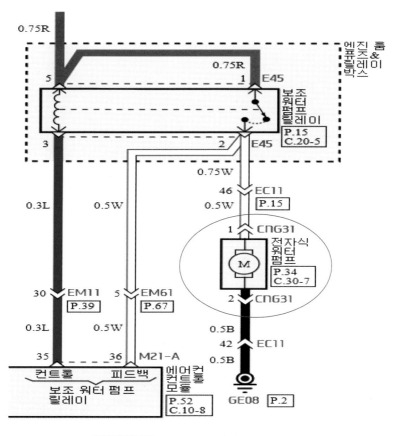

그림 6-30 전동식 보조 워터 펌프 (출처:GSW)

제작사마다 다르나 장착 위치는 엔진 룸 히터 코어 출구 측에 설치된다. 작동 조건으로는 엔진 정지 시이며 EV 모드 또는 엔진 정지 상태에서 히터 코어로 냉각수가 순환되는 것인데 그 첫 번째는 블로워 모터 ON, 냉각 수온 70℃ 이상, EV 모드, HEV "READY"일 경우 워터펌프 릴레이를 ON 하여 동작한다.

2-13. 계기판(HEV 클러스터)

하이브리드 자동차는 엔진 ECU가 상위 제어기가 아니고 HPCU가 상위 제어기이다. 지금은 버튼 시동 스마트키가 적용되어 브레이크 밟고 KEY/ON 이상의 버튼 시동 신호가 입력되면 HCU는 먼저 자동차가 전기 모드로 주행이 가능한지 여러 제어기에 전달받고 출발 가능한지 점검한다.

이때 먼저 변속레버의 변속 버튼이 P 레인지, 브레이크 스위치 신호가 입력되는 것을 확인한다. ECO 안내 게이지가 설치되어 자동차 주행 조건에 따라 현재 경제 운전 정도를 표시한다. 이는 경제 운전을 유도하고 출발 가능 상태 "READY"를 표시한다. ECO 레벨은 8단계 변화로 상태 그래픽을 표현했다. 다음은 계기판의 경고 게이지를 나타낸다.

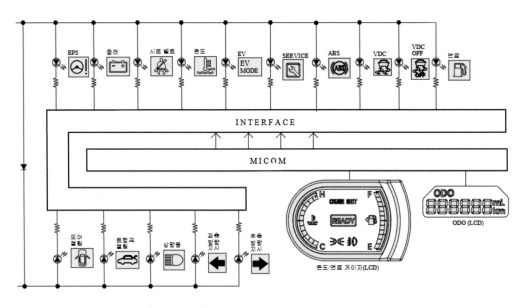

그림 6-31 계기판 경고 게이지 회로도 (출처:GSW)

차량 주행과 관련된 모듈(제어기) MCU, ECU, BMS, TCU의 상태를 확인하고 주행할 수 없는 상태의 심각한 고장 상황이거나 또한 시동 조건이 성립되지 않으면 계기판에 "READY" 문구가 점등되지 않는다.

다음은 클러스터(계기판) 통신 구성을 그림으로 나타내었다.

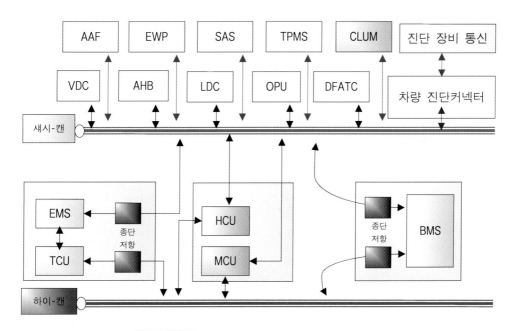

그림 6-32 클러스터 모듈(Cluster Module) 통신

정비사는 "READY" 문구가 점등된다. 안된다를 자동차 계기판(클러스터)에서 판단하고 고전압 계통의 문제인지 아니면 다른 쪽의 문제인지 판가름하는 잣대로 생각해야 한다. 또한 주행 중 모터로 구동이 되면 EV 모드 램프는 점등된다. 계기판 주행 중 에너지 흐름을 그래픽으로 나타나는데 EV 주행과 엔진+모터 주행이 나타나며 엔진으로 주행하면서 엔진으로 충전되는 과정을 표현한다. 하이브리드 모터로 주행하면서 하이브리드 엔진으로 충전되는 과정을 LCD 화면에 표현된다. 물론 제작사마다 그래픽 표현은 다르다 할 수 있다.

따라서 하이브리드 자동차는 주행 시 사용 에너지 흐름이 계기판에 다양하게 나타나며 그린다. 그래서 하이브리드 자동차를 운행하는 운전자는 현재 동력원을 어디에서 사용하는지 고전압 배터리가 현재 방전 상태인지 충전 상태인지 확인할 수 있다. 계기판은 모든 통신의 중계기 역할을 한다.

2-14. HPCU(Hybrid Power Control Unit)

하이브리드 자동차의 HCU(32 Bit 마이콤) HEV의 상위 컴퓨터로 MCU, ECU, LDC, BMS, TCU 등을 대표적으로 제어한다. 하이브리드 자동차 시스템을 총괄하는 컴퓨터는 HCU이다. 다음은 HCU 제어를 나타내었다.

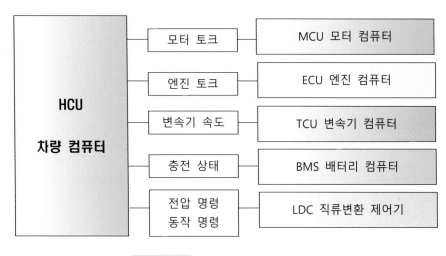

그림 6-33 각 제어기 시스템 구성

하이브리드 자동차 HCU는 엔진 룸 좌측에 위치하고 HPCU 내부에 장착된다. 내부에는 HCU, MCU, LDC가 통합형으로 장착되며 내부가 보이지 않는다. 고온이 발생하여 내부가 고장 나지 않도록 수랭식 방열판을 장착하고 냉각 성능이 우수하도록 제작되었다. 다음은 하이브리드 구동을 위한 입출력을 나타내었다.

HCU 구동을 위한 전원과 접지, HCU와 직접 연결된 여러 개의 입력 신호를 빼면 대부분 하이브리드 CAN 통신을 통해 통신된다. 하이브리드 CAN은 먼저 ECU, TCU, MCU, BMS 모듈이 된다. 나머지는 섀시 CAN을 사용한다. Chassis CAN은 DFATC, AHB, LDC, 클러스터(Cluster) 등으로 연결된다.

그림 6-34 HPCU 입출력 구성도

하이브리드 자동차는 고압 파워 케이블이 장착되는데 함부로 분리하여 감전되는 사례가 없도록 주의해야 한다. 반드시 고전압 계통 교육을 받은 정비사만 취급해야 한다. 일반 소비자는 절대 취급 금지이다.

〈표 6-3〉 고압 파워 케이블 탈거 방법

고압 파워 케이블	케이블 탈거 방법	고압 파워 케이블 암 커넥터
1번	위로 당김 2번	3번

전기자동차, 하이브리드 자동차, 플러그인 하이브리드, 수소 연료전지 자동차는 차량 내부 오렌지 색깔 고압 파워 케이블이 있다. 절대로 임의로 만지지 않도록 주의가 필요하다.

〈표 6-4〉 배터리 측 숫 커넥터

전자에서도 설명했듯이 고전압 케이블에는 고전압 커넥터가 잘 체결되었는지 이중 확인하는 장치 어찌 보면 안전장치가 각각 커넥터마다 설치되어 있다. 연결된 상태가 외관으로 정상이라 할지라도 내부에서 두핀 단자 암, 수가 접촉이 불량하면 고전압을 차단하여 전기차 주행이 불가하다. 주행 중에 고장 나면 운행하는 동안은 전기차 모드로 주행할 수 있지만, 정차 시 고전압을 차단한다.

하이브리드 자동차는 그 밖에도 여러 센서가 장착되는데 내연기관에 필요한 센서와 제어기는 그대로 장착된다. 여러 개의 센서 중 CPS만 설명하고 내연기관에 있는 센서들은 여기서 다루지 않겠다. 저자보다 많은 분이 설명하였을 테니 말이다. 저자는 시간이 된다면 센서 고장진단 실무로 다시 독자들을 찾을 예정이다.

자 그럼 CPS를 설명하겠다.

6-15. CPS(Clutch Pressure Sensor)

자동 변속기 하우징에 장착되며 엔진 클러치 작동 유압을 HCU로 입력되고 HCU는 설정된 작동 목표압을 TCU로 전송 TCU는 자동 변속기 내부 밸브 바디에 있는 엔진 클러치 작동 솔레노이드 밸브를 유압으로 작동한다. 엔진 클러치 작동 유압은 CPS를 통해 HCU로 피드백되고 HCU는 설정된 목표 유압과 실제 유압을 비교하여 목표 유압을 조정한다.

CPS 단자별 기능과 HCU 핀 배열은 다음과 같다.

〈표 6-5〉 CPS 단자별 기능

단 자	연결 부위	기 능
1	HCU E67(25번)	센서 접지
2	HCU E67(17번)	CPS 신호
3	HCU E67(9번)	센서 전원(+ 5V)

여기서 정비 시 참조해야 할 사항은 IG ON 상태에서 센서 전원이 5V가 측정되어야 한다는 사실 5V가 측정되지 않으면 배선과 HCU 관련 문제이지 센서 문제는 아니라는 점에 착안해야 한다. 그전에 정비지침서를 활용하여 코드별 진단 가이드에서 해당 고장 코드가 출력되는 원인을 파악하고 접근하는 것이 중요하다 하겠다. 다음은 HCU와 연결된 회로를 보여 준다.

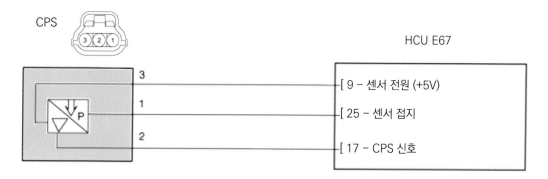

그림 6-35 CPS와 HCU 핀 배열

일반 내연기관에서 토크 컨버터의 역할은 동력이 연결된 상태에서 시동이 꺼지지 않는 기능일 것이다. 하지만 하이브리드 자동차는 출발과 저속 주행 시 엔진의 동력을 사용하지 않는다. 이때 엔진이 정지된다.

따라서 모터의 구동력으로 변속기에 동력이 전달되기 때문에 엔진과 변속기 사이에 동력 연결이 필요하지 않다. 하지만 고속 주행과 가속 또는 등판 주행에서는 모터와 엔진이 같이 구동력을 발생시켜야 하므로 하이브리드 주행이 가능하도록 엔진과 변속기 사이의 동력 전달이 필요하다. 엔진과 변속기 사이의 동력은 주행 조건에 따라 연결 또는 차단

할 수 있는 장치가 요구되고 이 장치가 바로 "엔진 클러치"이다. CPS 센서의 특성으로는 압력이 올라가면 CPS 신호 값(V)이 올라간다. 센서 특성은 다음과 같다. 다음을 끝으로 CPS 출력 전압을 나타낸다.

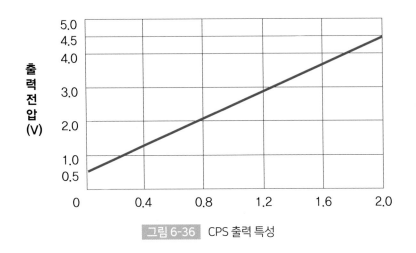

그림 6-36 CPS 출력 특성

자. 지금까지 초창기 하이브리드 시스템을 확인해 보았다. 부족한 점이 있을 것으로 보인다. 그러나 이 책을 기술하는 목적은 급격히 변화하는 자동차의 시스템 이해하고 원리 중심으로 엮었으며 대학생이나 테크니션(Technician)에게 전체적인 흐름을 전달하는 것이다. 또한 국내 자동차 회사의 우수성을 전달하는 목적도 있다.

추후 정비사에게 필요한 규정 값을 측정하고 추가 시스템을 집필하도록 하겠다. 현장에서 고장 난 자동차가 들어오면 막막했었던 이유는 체계적인 시스템 공부가 되지 않았던 것이라고 본다. 또한 고장원인과 현상별 증상을 구분하는 학습이 부족하다. 학습을 통해 의사다운 의사가 되어야 한다고 저자는 본다. 하여 입출력 구분하고 입력, 제어, 출력을 통해 첨단 진단 장비를 사용하여 어디에서 어떻게 볼지 예측 판단하는 것이 중요하다고 하겠다.

그래서 대학에서는 이러한 진단 공학과 기초 이론을 통해 회로를 이해하고 분석하는 진단기술 연구 과정이 Training 되어야 한다고 본다. 〈내용추가〉 여러분! 이제 자동차는 AI다 자율 주행이다. 많은 변화가 있다. 그래서 자동차 진단기술 연구 과정은 그 어느 때 보다 시급하다. 할 것입니다. 발 빠르게 항상 공부하는 독자 여러분이 되시길 기대합니다.

스마트카 편의 및 안전장치

초 판 인 쇄 | 2021년 6월 5일
초 판 발 행 | 2021년 6월 15일

저　　　자 | 지인근 · 김광수
발 행 인 | 김길현
발 행 처 | (주) 골든벨
등　　록 | 제 1987-000018호 ⓒ 2021 GoldenBell Corp.
I S B N | 979-11-5806-525-6
가　　격 | 26,000원

표지 및 디자인 | 조경미 · 김선아 · 남동우
웹매니지먼트 | 안재명 · 김경희
공급관리 | 오민석 · 정복순 · 김봉식

제작 진행 | 최병석
오프 마케팅 | 우병춘 · 이대권 · 이강연
회계관리 | 이승희 · 김경아

(우)04316 서울특별시 용산구 원효로 245(원효로 1가 53-1) 골든벨 빌딩 5~6F
• TEL : 도서 주문 및 발송 02-713-4135 / 회계 경리 02-713-4137
　　　　내용 관련 문의 02-713-7452 / 해외 오퍼 및 광고 02-713-7453
• FAX : 02-718-5510　　• http : //www.gbbook.co.kr　　• E-mail : 7134135@naver.com